Robot　　　　　Operating　　　　　System

ROS

ではじめる

ロボット プログラミング
[改訂版]

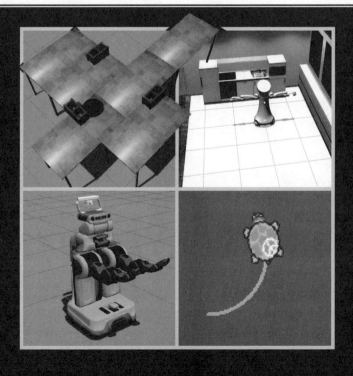

【「ROS」との出会い】

筆者と「ROS」の出会いは、2009年12月にさかのぼります。

社会人になって、大学時代の研究室のプログラムが使えなくなったため、手軽に使える「ロボット」の「プログラミング開発環境」を探していました。

そんなとき、この方面に詳しい同僚に「ROS」を教えてもらい、興味をもちました。

「ROS」について調べたことをBlogにまとめ、自作のロボットに「ROS」を搭載することで、自宅を自由に動き回る「自律移動ルンバ」や、画像を識別する「お茶くみロボット」などを、簡単に作ることができました。

また、当時「ROS」を作っていた「Willow Garage」に招待されたり（実際には行きませんでしたが）、アメリカのメーカーから「TurtleBot」という「ROS用のロボット」をプレゼントされたり、「ROS」と触れ合うようになってから、さまざまな出会いや出来事がありました。本書の執筆も、そのうちのひとつです。

【改訂にあたって】

この本が最初に出版されてから6年経ちました。

世界中がいろいろと変化をしていますが、ROSの世界も大きく変わっており、徐々にではありますが、ROS2への移行が進み出しています。

とはいえまだまだROSも現役で使われています。

もし、本書の内容で疑問に思ったら、ぜひSlack、Twitterなどで著者宛にご連絡いただければと思います。

はじめに

　本書では「ROS」(Robot Operating System) というソフトを通じて、「ロボットプログラミング」を体験できます。

　「ロボットプログラミング」というと、たいては「動くロボット」が必要になる場合がほとんどですが、本書ではロボットは一切必要ありません。だれでも「パソコン」さえあれば、始めることができます。
　また、ロボットに関する「ハードウェア」「ソフトウェア」「数学」といった、特別な知識も必要としません。

*

　具体的には以下のような読者を想定しています。

・「プログラム」を書いたことはあるが、「ロボットのプログラム」を書いたことがない人
・とにかく「ロボットプログラミング」を体験してみたい人
・「ROS」という名前は聞いたことがあり、実際どういうものか体験したい人

　一方で、以下のような人には少し難解かもしれないので、必要に応じて別の文献で学習を行なうと、より効率的だと思います。

・「プログラム」を一切書いたことのない人
・「Linux/Unix」環境に一切触れたことがない人

　本書は入門書なので、すでに「ROS」のプログラムを書いているような人には物足りないかもしれません。
　ただし、英語の苦手な後輩の指導書などには、最適だと思います。

*

　本書を通じて「ROS」の楽しさを知っていただき、私のような日曜ロボット・プログラマーが、もっと増えてくれると嬉しいです。

小倉　崇

ROSではじめる ロボットプログラミング [改訂版]

CONTENTS

「サンプルファイル」のダウンロードについて

本書のサンプルファイルは、サポートページからダウンロードできます。

http://www.kohgakusha.co.jp/support.html

また、以下のページからもダウンロードできます。

https://github.com/OTL/ros_book_programs

引用について

本書の一部は「Open Source Foundation」管理の「http://wiki.ros.org」を元にしています。

「wiki.ros.org」は「Creative Commons Attribution 3.0」でライセンスされています。

「wiki.ros.org」のライセンスは以下で参照できます。
wiki から一部改変しています。

http://creativecommons.org/licenses/by/3.0/

具体的には、以下のページを利用しています。

・http://wiki.ros.org/indigo/Installation/Ubuntu
・http://wiki.ros.org/ROS/Tutorials/UnderstandingTopics
・http://wiki.ros.org/ROS/Tutorials/UnderstandingServicesParams
・http://wiki.ros.org/ROS/Tutorials/WritingPublisherSubscriber%28python%29

プログラムのライセンスについて

本書で扱ったプログラムは「BSD ライセンス」ですべて公開します。
「http://github.com/OTL/ros_book_programs」からアクセス可能な状態にしておきます。

間違いなどありましたら、Issue や Pull Request にて教えていただけると有り難いです。

第1部

基礎知識

第1章

「ROS」(Robot Operating System)とは

> 「ROS」(Robot Operating System) は、「Open Source Robotics Foundation」(オープンソース・ロボティクス財団、以下「OSRF」) によって開発されている、フリーの「ロボット・フレームワーク」です。現在、世界で最も使われているロボット用ソフトであり、今や「知能ロボット」のプログラミングには欠かせない存在となっています。

1.1　「ROS」でできること

「ROS」を使う具体的なメリットとしては以下のようなものがあります。

・簡単に強力な「ロボット用ライブラリ」をインストールして、利用できる
・シミュレーションを使った開発ができる
・「好きな言語」での「ロボット・プログラミング」ができる

■ 既存のライブラリの利用

「ROS」の代表的なライブラリとして、「自律移動」があります。

自分の部屋の地図をロボットに作らせて、自由に動き回らせることができます。

他にもさまざまなライブラリが、パッケージとして用意されており、インストールも容易で、ROS を通じて簡単に利用できます。

ロボットに知的な振る舞いをさせるのならば、「ROS」を使わない手はありません。

■ 「シミュレーション」を使った開発

「Gazebo」(ガゼボ)というシミュレータがサポートされています。

「Gazebo」は「ROS」と同じく OSRF が開発しているシミュレータで、「ROS」に依存していないので、それ単体で利用することもできます。

シミュレータがあるので、ロボットをもっていない人でもロボットの開発ができます。

本書でも「Gazebo」を使います。そのため、ロボットをもっていない人でも、ロボットのプログラミングを始めることができます。

■ 好きな「言語」での「ロボット・プログラミング」

「ROS」は基本的に「C++」か「Python」を使いますが、他の言語でも利用可能です。たとえば「Java」「lua」「ruby」「Rust」などでも利用できます。

かなりチャレンジングですが、自分の使いたい言語がサポートされていなければ、自分で作ることもできます。

「C++」「Python」「Java」のソフトを相手を気にせずに統合できるので、複雑なシステムを適材適所な言語で記述して、簡単に組み上げることができます。

1.2 「ROS」とは何か

「ROS」は「Robot Operating System」という名前ですが、Windows やLinux といった、いわゆる「コンピュータ用の OS」とはまったく違います。

その OS の上に乗った、「フレームワーク」です。

*

大まかなイメージ図を載せておきます。

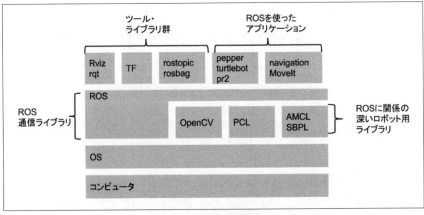

図1 「ROS」とは何か

「ROS」という単語は主に3つの意味で使われています。

・ROS 通信ライブラリ
・ツール／ライブラリ群
・ROS エコシステム

■ ROS 通信ライブラリ

複数のプログラムを結合させる「通信ライブラリ」が、「ROS」の中心部です。

「ROS」の「実行プログラム」は、「Node」という単位で扱い、「Publisher/Subscriber」モデルで通信します。
また、「Service」という同期的な通信（「呼び出し」が終わるまで「ブロック」する）も用意されています。

*

以下に、コンセプトの図を載せておきます。

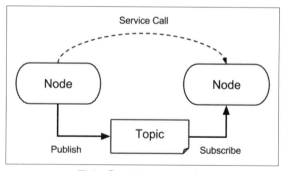

図2　「ROS」のコンセプト

(A) 情報を「送信」する「Node」は、「Topic」にデータを「書き込み」(Publish)、
(B) 「受信」側は、「Topic」を「購読」(Subscribe) します。

「通信相手」が誰なのかを意識することなく、通信できます。
「Topic」は「型」が決まっているため、「相手」の「IP アドレス」や「ポート番号」などの情報なしに、通信できます。

■ ツール／ライブラリ群

「ROS」には、非常に強力な「ツール」や「ライブラリ」が付属しています。

　主に「デバッグ」や「可視化」に有効で、ロボットの開発をしたことがある人なら、必ず必要なものが揃っています。

　その品質は、ものによってマチマチですが、オープンソースなので、世界中で使って改良していくうちに、どんどん良くなっていくと思います。

■ ROS エコシステム

「ROS」は、現在、「ロボット・ミドルウェア」の"デファクト・スタンダード"となっています。

　この一因として、「第三者のライブラリの配布が容易であること」が挙げられます。

　たとえば、誰かが作った「ROSのライブラリ」が「apt-get」というコマンドで簡単にインストールできます。

　「Python」の「pip」や「ruby」の「gem」、「Node」の「npm」のようなもので、誰でも登録し、依存関係を満たしながらインストールし利用することができます。

　このような仕組みを、「ロボット・ライブラリ」で導入したのは、「ROS」が初めてだと思います。

　「ROS」は「ミドルウェア」として優秀であるだけでなく、第三者のライブラリ配布に関しても、かなりのコストをかけており、それによって形成された"エコ・システム"こそが、「ROS」の強みであると言えます。

　「ROSミドルウェア」を使った特定の「ロボット用アプリケーション」や、「ROSに深く関連する、ROSに依存しないロボット・ライブラリ」も、「ROSエコシステム」の一部と言うことができるでしょう。

　「ROSは便利だ」と言ったときに、それが「ミドルウェアの利用のしやすさ」を意味しているのか、「ライブラリを含めたROSエコシステムの優秀さ」を指しているのか、文脈をよく読まないと分かりません。

　本書では、このすべてをカバーします。

■ROS2

「ROS」の新規開発はすでに終了しており、開発は「ROS2」へと移行しています。

「ROS2」は、アカデミックが中心となって開発された「ROS」とは異なり、「自動運転」や「産業用ロボット」に向けて、商用を意識した作りになっています。

「ROS2」と区別するために「ROS」は「ROS1」と呼ばれることもあります。
「ROS2」は「ROS」の思想を受け継いでいますが、直接の互換性はありません。

本書では「ROS2」ではなく「ROS1」について記述しています。
非常に残念ながら「ROS1」は 2023 年にはサポートが終了する予定なので、いずれは「ROS2」に移行する必要があります。

ただし、コミュニティで「ROS1」の次のバージョンを作る、という人たちも現れているので、今後どうなるかはまだ分かりません。

第2章

「ROS」の勉強の仕方

「ROS」は Web 上のドキュメントがかなりしっかりしていて、それを読んでいくと誰でも使えるようになっています。
特に「ROS Wiki」(http://wiki.ros.org) が優秀で、本書の最初の一部は「ROS wiki」を元にしています。

2.1 本書の構成

「とっつきにくさ」を解消すべく、本書は、

・すべて日本語
・最初から順番に読めばいい
・何ができるか、体感できる

といったことを念頭に置いて構成しています。

また、紹介する「サンプル・プログラム」は、すべて「https://github.com/OTL/ros_book_programs」からダウンロードできるようになっています。
もしうまくいかないときは参考にしてみてください。

2.2 「ROS」の勉強の仕方

「ROS エコシステム」も含めると、「ROS」が扱う領域は膨大になります。
そのため、本書だけで「ROS」のすべてを解説することはできません。
もし分からないことがあれば、以下のような手段で調べたり、相談したりできます。

以下に「ROS の勉強の仕方」を載せておきます。

■ ROS Wiki

「ROS」のドキュメントは「Wiki」(http://wiki.ros.org) に集約されています。ほとんどの記事は英語ですが、日本語に翻訳されているものもあります。たとえば、

```
http://wiki.ros.org/ROS/Tutorials
```

というURLのドキュメントは「http://wiki.ros.org/ja/ROS/Tutorials」というように、「ros.org」の後に「/ja/」を挟むことで「日本語のページ」を読むことができます。

図3　ROS Wiki

　ただし、日本語版は全体のごく一部しか翻訳が完了しておらず、しかも情報が古いことが多いので、可能な限り英語版を読むことをオススメします。

　「wiki」は誰でも編集可能なので、英語の得意な人は、もし日本語版がないページを見つけたら、日本語版を作ってみるのもよいと思います。

　編集するためにはアカウントを作成する必要があります。

　アカウントは誰でも作成可能です。

■公式コミュニティ

　「ROS」に関する最新情報は「ROS Discourse」(https://discourse.ros.org) というサイトで共有されています。

　言語は英語ですが、日本語カテゴリもあります 。(https://discourse.ros.org/c/local/japan/32)

　また、「質問」に関しては投稿してはいけません。「質問」は、以下に挙げる「answers.ros.org」を使いましょう。

■日本語コミュニティ

　最近は日本のコミュニティーも活発になっています。

　「connpass」(https://rosjp.connpass.com/) によくまとまっています。

　Slackもありますので上記「connpass」から調べて入ってみてはどうでしょうか。

　こちらは今のところ初心者・質問なんでも日本語で歓迎なので、気軽に使うことができます。

■ 質問したいとき

「ROS」で分からないことがあるときは、「http://answers.ros.org/」という
サイトで質問できます。

ただし、英語のみです。英語に
自信のある方は、こちらを利用する
といいでしょう。

また、すでに同じ質問をした人
がいるかもしれないので、「answ
ers.ros.org」で検索してみましょう。

図4　answers.ros.org

どうしても日本語で質問したいときは、先述の Slack がおすすめです。

質問するときは以下のような情報を添付しましょう。

・**利用している OS（「Ubuntu18.04」など）**
・**利用している ROS のバージョン（「melodic」など）**
・**エラーメッセージ（意味が分からなくても、すべて添付しましょう）**

また、日本の「ROS」ユーザーはまだ少ないので、すぐ返事がくるとは
限りません。返事がなくても、焦らないで待ちましょう。

英語ができるなら、「answers.ros.org」をお勧めします。

第3章

「ROS」のインストール

それではさっそく「ROS」をインストールしましょう。

3.1 「ROS」をインストールする OS

「ROS」は OS の上に乗っかる、「ミドルウェア」のため、既存の「OS」上に、インストールします。

「OS」というと、普段は「Windows」や「MacOS X」を利用している方が多いでしょう。

「ROS」も、「MacOS X」や「Windows」でも一部の機能は動かすことができますが、その場合、動作が不安定だったり、インストールの難易度が非常に高かったりします。

そのため、本書を手にして初めて「ROS」に触れる方は、必ず「Linux」を使ってください。

「Linux」に触れたことがない方も、この機会に「Linux」を覚えましょう。

それくらい「Linux」以外の OS に「ROS」を入れるのは敷居が高いのです。

*

「Linux」にはディストリビューションが何種類もあります。

「ROS」では、「Ubuntu」が正式にサポートされているので、必ず「Ubuntu」を利用してください。

これがインストールにおいてもっとも大切なことです。

ここで苦労を惜しむと、もっと苦労します。

なんとかして、「Ubuntu」をインストールした PC を手に入れましょう。

また、「VMWare」のような「仮想環境」がお手軽ですが、これも問題を引き起こす可能性があります。

なるべく「仮想環境」ではなく、「ネイティブ環境」にインストールしましょう。

ただ、どうしても「Linux環境」を入れられない、「Docker」なら分かる、という方なら日本人のTyryohさんという方が作ったROS用の仮想環境が使えます。

https://github.com/Tiryoh/docker-ros-desktop-vnc

「ROS」もインストール済みなので、もしインストールに手こずった場合はこちらを試してみるのも手かと思います。

3.2 「ROS」の「バージョン」について

現在(2021/08)の最新バージョンは「Noetic」と呼ばれています。(正確には「Noetic Ninjemys」です)

「ROS」はバージョンごとに、サポートされる「Ubuntu」のバージョンも決まっており、「Noetic」は「Ubuntu 20.04」をサポートしてます。

ただし、本書では1つ前のバージョンの「Melodic」を利用します。

「Melodic」は「Ubuntu18.04」をサポートしています。

「Ubuntu18.04」は「LTS」(Long Term Support)と呼ばれ、長期的にサポートされます。
そのためユーザも多く、トラブルが起きにくく、万が一何か問題が起きたときも仲間が多いため解決が容易です。

*

一方で、もし本書の内容を違うバージョンを試したい、というときは、本書の「melodic」という文字列を別なバージョン、たとえば「noetic」に置き換えれば大抵の場合そのまま新しいバージョンでも使えるはずです。

*

もし「ROS2」に興味がある場合は、「ROS2」も同時に学べる「Ubuntu20.04」をインストールして、「Noetic」を使うのもオススメです。

ただし、「Melodic」にはあるが「Noetic」にはないパッケージも多いので、一旦「Melodic」で「ROS」に慣れてから「Noetic」に移ったほうがいいかもしれません。

まとめです。

・「Windows」「MacOSX」はあきらめる
・「Ubuntu18.04LTS」をネイティブにインストールする
・「ROS」のバージョンは「melodic」を使う
・「ROS2」に興味がある場合は「noetic」(Ubuntu20.04) にチャレンジするの
　もあり

ここさえ間違えなければ、「ROS」のインストールは、バッチリです。

「Ubuntu18.04」のインストールに関してはさまざまなサイトや書籍など
での解説があると思います。そちらを参照してください。　ちなみに、「ROS」
の「バージョン」は、イニシャルがアルファベット順になっています。
　「Box Turtle」に始まり、「C Turtle」「Diamondback」「Electric Emys」「Fue
rte Turtle」「Groovy Galapagos」「Hydro Medusa」「Indigo Igloo」「Jade
Turtle」「Kinetic Kame ※」「Lunar Loggerhead」と、「亀」に関係あるバージョ
ン名になっています。

※日本のコミュニティの力で日本語の亀が採用されました。

3.3　「ROS」をインストールする

「Ubuntu18.04」のインストールはできたでしょうか。
できた前提で「ROS」をインストールしていきます。

内容は「http://wiki.ros.org/melodic/Installation/Ubuntu」と同じなので、
理解できる方はそちらを参照ください。

■「ターミナル」を立ち上げる

「Ubuntu」に慣れていない方のために、「ターミナル」の立ち上げ方を解
説しておきます(「Ubuntu」に慣れている人は読み飛ばしていいです)。

*

以下は「Ubuntu18.04」のデスクトップ画面です。

[1]　左端がメニューバー。

　この左下の点々のアイコンをクリックしてください。

[2]　するとメニューが開くので、ここでキーボードで「term」と入力します。

図5　「Ubuntu」のデスクトップ画面

[3]　ここで、左上に表示された [Terminal] と書かれたアイコンをクリックしましょう。

図6　「Terminal」の立ち上げ方

　表示された Window が「ターミナル」です。
「ROS」は基本的にこの上で作業します。

図7　「Terminal」が立ち上がった状態

[4]　次から楽に立ち上げられるように、「ターミナル・アイコン」を右クリックして、[Add to Favorites を選択しましょう。

　これで、左の「メニュー・アイコン」に常にショートカットが表示されるようになります。

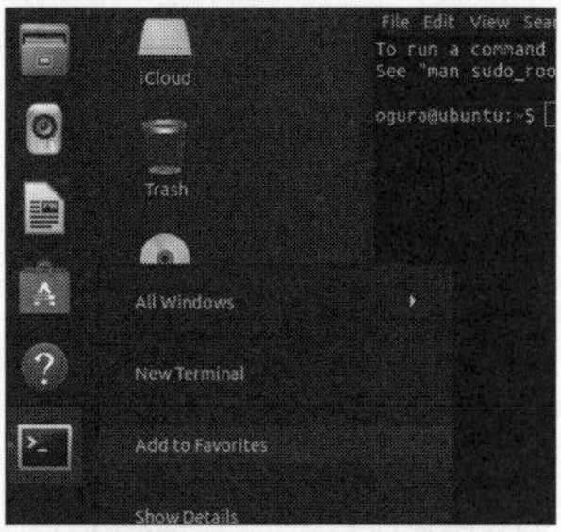

図8　「Terminal アイコン」を登録

※ ちなみに、複数のターミナルを立ち上げるには、アイコンを「中クリック」します。
　「中クリック」ができない場合は、(a)「右クリック」から [新しい端末] を選択するか、(b) ターミナル Window にフォーカスがある状態で [Shift+Ctrl+N] を押します。

■「ターミナル」を使って「ROS」をインストールする

「ROS」のインストールは手順が複雑なので、私が作った「インストール スクリプト」を使いましょう。

そのために、まず「curl」というソフトをインストールします。
以下のようにターミナルに打ち込んでください。

```
$ sudo apt install curl
```

"$"（ドルマーク）は、その後に書いてあるものがターミナルで実行する ことを表わす記号です。
ターミナルにも表示されていると思います。
なので、実際には "$" は入力せずに、その後の内容をターミナルに入力し てエンターキーを押しましょう。

```
[sudo] password for yourname:
```

と表示されたら、インストール時に設定した自分のログインパスワードを 入力してください。（「yourname」には「ユーザ名」が入ります）

以後、何度かパスワードを聞かれるのでそのたびに入力してください。

*

次に、以下の URL をブラウザで開いてください。

```
https://github.com/OTL/ez_ros_installer
```

このページのちょっと下のほうの「How to use」に以下の記述があるので、 これをターミナルで実行します。

```
$ bash <(curl -s https://raw.githubusercontent.com/OTL/ez_
ros_installer/master/install.sh)
```

```
install ROS (distro=melodic what=desktop-full) and create cat
kin workspace /home/ogura/catkin_ws, ok? ('q' to quit)
```

と、聞かれると思うので、そのままエンターキーを押してください。

あとは、しばらく待てば「ROS」のインストールは完了です。

今回は私の自家製スクリプトを利用しましたが、中身は公式ドキュメントとやっていることはほとんど変わりません。

＊

基本的なパッケージはこれでインストール済みになります。

しかし、ROSのパッケージ群のすべてがインストールされたわけではありません。

今後も、本書でROSの個別のパッケージをインストールすることがあります。

ROSの個別のパッケージも、すでに利用した「apt-get」というコマンドによってインストールを行なうことが可能です。

今回インストールしたのは、「ros-melodic-desktop-full」という名前の、言わば「全部のせ」のような公式パッケージのセットをインストールしたことになります。

＊

「全部のせ」と言っても、「ROSエコシステム」の全体のうちの一部に過ぎません。

今後も「apt-get」は出てくるので、この機会にぜひいろいろ試してなれておくことをオススメします。

3.4 　動作確認

インストールが終わったら、「ターミナル」を立ち上げ直して、以下のコマンドを打ってみてください。

```
$ roscore
```

次のような表示が出たでしょうか。
出ていれば、インストールは成功しているはずです。

```
... logging to /home/ogura/.ros/log/eee1ce46-f83e-11eb-8efe-
001c42b39b10/roslaunch-ubuntu-31527.log
Checking log directory for disk usage. This may take a while.
 Press Ctrl-C to interrupt
 Done checking log file disk usage. Usage is <1GB.started ros1
aunch server http://ubuntu:33357/
ros_comm version 1.14.11

SUMMARY
========

PARAMETERS
 * /rosdistro: melodic
 * /rosversion: 1.14.11

NODES

auto-starting new master
process[master]: started with pid [31541]
ROS_MASTER_URI=http://ubuntu:11311/
setting /run_id to eee1ce46-f83e-11eb-8efe-001c42b39b10
process[rosout-1]: started with pid [31552]
started core service [/rosout]
```

　「Ctrl-c」(「コントロール」キーを押しながら「c」キー)を押して止め
ましょう。

　以下のように表示されて、プログラムが終了するはずです。

```
[master] killing on exit
shutting down processing monitor...
... shutting down processing monitor complete
done
```

　「ROS」では、基本的に「Ctrl-c」でプログラムを終了させるので、覚え
ておきましょう。

第4章

「ROS」の用語を覚える

まず、「ROS」の用語を軽くおさえておきます。
ここでは完全に理解する必要はないので、軽く読み飛ばすくらいでいい
です。

4.1 「ROS」の用語

■ Node

「ROS」では、1つのプロセスを「Node」と呼びます。
なぜ「Node」なのかというと、「Node」同士が結合してグラフを形成
するためです。

■ Message

「ROS」で通信するためには、あらかじめ決められた「型」が必要です。
「C/C++」で言うと、「構造体」や「クラス」のようなものです。
「Message」は「型」をもった通信で受け渡しされる「データ」のことです。

■ Master

「ROS」の「Node」同士が通信するための「名前の解決」をする、特別な
プロセスです。「roscore」というコマンドで起動します。

4.2 「ROS」の通信方法

「ROS」の通信には以下の3つ種類があります。
それぞれ用途が違うので、用途に応じて使い分ける必要があります。

まずは「Topic」を理解するのが、もっとも重要です。

① Topic

「ROS」の「Node」が「送受信」するデータです。

「ROS」は「Publisher」「Subscriber」モデルで通信します。

ある「Node」がある「Topic」に「Publish」したデータを、別の「Node」が「Subscribe」してデータを受信します。

② Service

「Topic」は、「相手を仮定せずに受け渡し」する、「非同期（返事をまたない）通信」です。

一方で、「相手」に何かをしてもらうときに、その「成否」を、「呼び出し側」で知りたい場合があります。

そのようなときには、「Service」を使うことができます。

③ Parameter

「ROS」を使うと、同じプログラムで、いろいろなロボットを動かせるようになります。

その詳細な「パラメータ」は、ロボットによって違ったりします。

プログラム実行時に「制御パラメータ」などを「ファイル」や「ネットワーク」などから読み出すことができます。

第5章

「ROS」に慣れる

プログラムを書く前に、まず、「習うより慣れろ」で、「Topic」「Service」「Parameter」について、簡単な UI を通じて触れてみます。
ここでは何が起きているのか完全に分からなくてもいいです。考えるより感じることが大切です。詳細はあとでやりますので、安心して手を動かしてください。

5.1　「ROS」の初歩

■「turtlesim」を起動

[1]　ではまず「roscore」(Master を起動するコマンド) を実行しましょう。「ROS」の「Node」を実行する前には、必ず必要です。

```
$ roscore
```

[2]　「ターミナル」をもう 1 つ上げて、「turtlesim」というプログラムを走らせます。
　「ターミナル」を上げるには (a) 「ターミナル・アイコン」を「中クリック」するか、(b) 「右クリック」から「新しい端末」を選びます。

```
$ rosrun turtlesim turtlesim_node
```

　以下のような画面が表示されます。
　「亀」の種類はランダムで決まるので、「亀アイコン」は違うものが表示されるかもしれません。

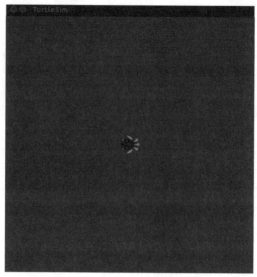

図9 「turtlesim」の Window

　これはちょっとした「ロボット(亀)シミュレータ」で、「ROS」を通じて画面内の「亀」をロボット代わりにして動かすことができます。

　「ROS」では、なぜか「亀」がイメージキャラクターになっています。

[3]　次に、もう1つターミナルを上げて、キーボードで操作するためのプログラムを立ち上げます。

　「rosrun turtlesim turtle_teleop_key」というコマンドを実行するのですが、今回は「Tab」を使って、楽に入力してみましょう。

① まず、

```
$ rosr
```

まで入力して、「Tab」キーを押すと、

```
$ rosrun
```

と補完されます。

② 次に、

```
$ rosrun tu
```

まで入力し、「Tab」を押すと、

```
$ rosrun turtle
```

まで自動で入力されます。
③「s」を押してから「Tab」を押すと、

```
$ rosrun turtlesim
```

まで入力されます。
④ さらに、「Tab」を2回押すと、

```
$ rosrun turtlesim
draw_square           mimic                turtle_teleop_key  tur
tlesim_node
$ rosrun turtlesim
```

と、次の候補が表示されます。

　後は同じように「Tab」を押すたびに補完されるので、"「t」を押して「Tab」"、"「_」を押して「Tab」"と入力すれば、完了です。

　"1文字打ったら「Tab」"を押すくらいの感覚でやるといいと思います。
　楽をすることよりも、打ち間違いをなくすことができるメリットが大きいので、積極的にタイピングしたい人でも利用すべきです。

＊

　以下のようにタイプできたでしょうか。

```
$ rosrun turtlesim turtle_teleop_key
```

　この「ターミナル」上で「矢印」キーを押すと、「亀」が動きます。
　フォーカスは、「亀」のWindowではなく、「ターミナル」に合わせてください。
　「亀」を動かせたでしょうか。
　軌跡が「白い線」で描かれたと思います。

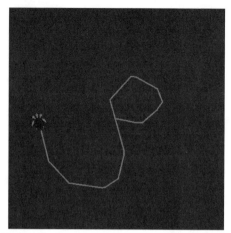

図10 「turtle_teleop_key」で動かしたところ

■「rqt_graph」で「可視化」する

今回立ち上げた「turtlesim_node」と「turtle_teleop_key」は、「ROS」の「Topic」で通信しています。

「turtle_teleop_key」が、「キーボード入力」を「速度」に変換して「Publish」し、「turtlesim」が速度を「Subscribe」しています。

この関係を、「rqt_graph」というツールで図示してみましょう。

＊

以下のコマンドを、新しい「ターミナル」で入力してみましょう。

```
$ rqt_graph
```

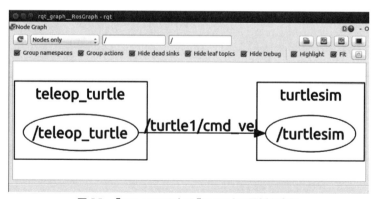

図11 「rqt_graph」で「Node」の関係を表示

　左の「teleop_turtle」Node と「turtlesim」Node が、「Topic」である「/turtle1/cmd_vel」で結ばれていることが分かります。
　「cmd_vel」は「command velocity」の略で、「速度指令」のことです。

■「rostopic」を使ってみる

　次に、「rostopic」という「コマンド」を使って、この「トピック」を、詳しく見てみましょう。

---

[1]　まずは、また新しい「ターミナル」を上げて、「rostopic echo」しましょう。

```
$ rostopic echo /turtle1/cmd_vel
```

　このままでは何も起きません。

　では、この状態で、「turtle_teleop_key」の「ターミナル」で「矢印」を押して、「亀」を動かしてみましょう。
　すると、この「rostopic」の Window に、以下のように「テキスト」で「データ」が表示されたと思います。

```
$ rostopic echo /turtle1/cmd_vel
linear:
  x: 2.0
  y: 0.0
  z: 0.0
angular:
  x: 0.0
  y: 0.0
  z: 0.0
---
linear:
  x: 0.0
  y: 0.0
  z: 0.0
angular:
  x: 0.0
  y: 0.0
  z: -2.0
---
```

このデータが、「亀」に与えられた「速度」を表わしています。

「linear:」の「x:」の部分が「前進速度」で、「angular:」の「z:」が「回転速度」です。

[2] 次に、「rqt_graph」の左上の「更新」ボタンを押してみてください。

グラフが更新され、「/turtle1/cmd_vel」が「rostopic」にも送信されている様子が分かると思います。

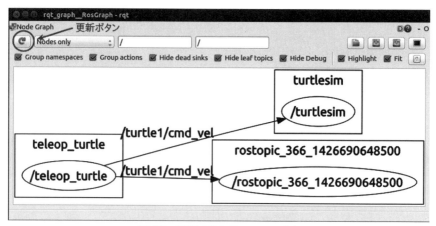

図12 更新された「rqt_graph」

この「rostopic」というツールも、1つの「ROS ノード」で、「Topic」を介して通信しているのです。

*

「rostopic」で「Topic」に直接値を書き込んでみます (Publish)。

それには、まず、「Topic」の「型」を調べる必要があります。これにも「rostopic」を使います。

「rostopic」の「ターミナル」を、(a)「Ctrl-c」で終了させるか、(b) 新しいターミナルを上げるかして、「ターミナル」を確保してください。

```
$ rostopic type /turtle1/cmd_vel
```

以下のように、表示されたと思います。

```
geometry_msgs/Twist
```

この「geometry_msgs/Twist」が「/turtle1/cmd_vel」Topic の「型」です。

*

[1] では、以下のコマンドを打って、「亀」を動かしましょう。

「亀」が端っこにいる場合は、「turtlesim_node」を上げ直すか、「teleop」で真ん中に移動させるかしておいてください。

「ノード」を上げ直すときは、その「ノード」が専有している「ターミナル」で、「Ctrl-c」によって終了し、矢印上を押してエンターを押します。

```
$ rostopic pub /turtle1/cmd_vel geometry_msgs/Twist -- '[2.0,
0.0, 0.0]' '[0.0, 0.0, 1.8]'
```

「亀」が少し動いて止まりました。
「2.0」が「前進速度 [m/s]」を表わし、「1.8」が「左方向の回転速度 [rad/s]」を表わします。

先ほど「rostopic echo」で見たように、「linear」(並進)に「x, y, z」、「angular」(回転)に「x, y, z」の6つの値をセットするようになっています。

図13 「亀」が少し動いた

[2] では、「Ctrl-c」で「rostopic」をいったん終了させてください。

次に、少し変えて、以下のようにしてみましょう。

```
$ rostopic pub -r 1 /turtle1/cmd_vel geometry_msgs/Twist --
'[2.0, 0.0, 0.0]' '[0.0, 0.0, -1.8]'
```

「亀」が回転し続けています。

この違いは、「-r 1」という「オプション」があるかどうかです。

「-r 1」があると「1Hz」、つまり「1秒に一回」繰り返し、データを送信します。

ない場合は、1度だけ送信して終わりです。

「亀」は、速度を受け取ると、少し動きますが、すぐ止まるようになっています。

ですから、動かし続けるには、繰り返しデータを送る必要があります。

図14 「亀」が回転し続ける

*

「rostopic」の他の便利な機能は、「list」です。

```
$ rostopic list
```

とすると、

```
/rosout
/rosout_agg
/statistics
```

```
/turtle1/cmd_vel
/turtle1/color_sensor
/turtle1/pose
```

のように、現在登録されているすべての「Topic」が表示されます。

「rostopic list」は、表示後に自動で終了するので、「Ctrl-c」は不要です。

■「rosservice」を使って「Service」を理解する

次は、「Service」を使ってみます。

＊

「rostopic list」と同じように、現在利用可能な「Service」が一覧で見れます。

```
$ rosservice list
/clear
/kill
/reset
/rosout/get_loggers
/rosout/set_logger_level
/spawn
/turtle1/set_pen
/turtle1/teleport_absolute
/turtle1/teleport_relative
/turtlesim/get_loggers
/turtlesim/set_logger_level
```

＊

以下のようなコマンドで、どんな「引数」と「返り値」を受け取るのか、調べてみましょう。

```
$ rosservice type /spawn | rossrv show
```

```
float32 x
float32 y
float32 theta
string name
---
string name
```

「…」の上が、関数で言うところの「引数」（入力）で、下が、「返り値」（出力）です。

　サービスの名前「spawn」からすると、「x, y, theta」の座標に「name」という名前の「亀」を「スポーン」（生成）する「Service」のようです。

　「rosservice call」で「Service」を呼び出すことができます。

```
$ rosservice call /spawn 2 3 1 ""
```

　「返り値」が表示されます。
　「4つ目の引数」を ""（空文字）にしたので、「turtle2」という名前が、自動で付けられたようです。

```
name: turtle2
```

　「x=2, y=3, theta=1」の位置に「亀」が出ました。
　「Service」では、実行結果を返してもらえる、返ってくるまで待つのが、特徴です。

図 15　「亀」が「Spawn」した「turtlesim」

■「rosparam」を使って「Parameter」を理解する

「ROS」の重要な機能の一つに「Parameter」があります。

これは、同じプログラムを、さまざまなロボットに適用するために、細かな「制御パラメータ」を変更するための機能です。

＊

「turtlesim」もパラメータをもっています。

```
$ rosparam list
```

とすると、現在セットされている「Parameter」の一覧が取得できます。

以下のように表示されると思います。

```
/background_b
/background_g
/background_r
/rosdistro
/roslaunch/uris/host_localhost__54430
/rosversion
/run_id
```

「/roslaunch/uris」以降は、違うものが表示されていると思いますが、これは気にしないでいいです。

```
$ rosparam get /background_b
```

とすると「/background_b」にセットされた値がとれます。

「背景色」のうち、「青」の成分 (0~255) です。

```
255
```

「255」がセットされています。「赤成分」を「200」に変更してみます。

```
$ rosparam set /background_r 200
```

とすると「/background_r」という名前の「パラメータ」が「200」になりました。

以下のように打って、確認してみましょう。

```
$ rosparam get /background_r
```

「パラメータ」は基本的に起動時に一回読み取るものなので、通常はセットした瞬間に何かが起きることはありません。

「turtlesim」では、以下のように「/clear」という「Service」を呼ぶことで、更新できます。

```
$ rosservice call /clear
```

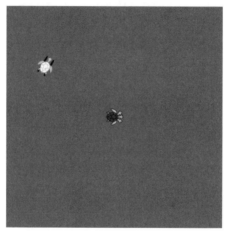

図16 「色」が変わった「turtlesim」

「Parameter」はプログラムの挙動を開始時に変更するために利用します。

*

以上で、「Topic」「Service」「Parameter」という「ROS」のすべての「通信手段」と、それを使うための「コマンド・ライン・ツール」について触れることが出来ました。

この段階では完全に理解する必要はありません。

分からないことがあっても大丈夫です。次からいよいよプログラムを書いていきましょう。

*

ここで立ち上げたプログラムは、「ターミナルを閉じる」か、「Ctrl-c」するかして、いったんすべて終了させておいてください。

第6章

「ROS」で「Hello World」

プログラミング言語を学ぶときには「Hello World」と呼ばれる、文字列を表示するだけのプログラムを書くものです。みなさんも経験あると思います。本書では「Python」を使うのですが、「Python」の「Hello World」は、「print 'Hello World'」だけです。これを「ROS」流にしてみます。

6.1　「Hello World」を実行

プログラムを作るには、「エディタ」が必要です。

「Vim」や「Emacs」が有名ですが、どちらもマスターするには時間がかかります。

「エディタ」を初めて使うという人は、「gedit」というプログラムを使うとよいでしょう。

「Windows」の「メモ帳」のようなソフトです。

*

「ターミナル」から、以下のようにして起動してください。

```
$ gedit hello_world.py
```

すでに何か使える「エディタ」がある人は、それを使ってください。

以下のようなファイルを、「hello_world.py」として保存。
ファイルはホーム直下に置きます。

```
import rospy
rospy.init_node('hello_world_node')
rospy.loginfo('Hello World')
rospy.spin()
```

ここからは「ターミナル」にコマンドを書くのではなく、「ファイル」に
プログラムを書いて、それを「ターミナル」から実行します。

　「保存」するのを忘れないでください。

＊

　「実行」するには、まず「roscore」を起動します。
　「roscore」のためにも新しい「ターミナル」が必要なので立ち上げます。

```
$ roscore
```

　「赤い文字」で以下のように表示されたら、「roscore」がすでに立ち上がっ
ていて、二重に起動しようとしたため、失敗しています。

```
roscore cannot run as another roscore/master is already running.
Please kill other roscore/master processes before relaunching.
The ROS_MASTER_URI is http://localhost:11311/
The traceback for the exception was written to the log file
```

　この場合は、「roscore」がすでにどこかで立ち上がっているので、失敗し
ても気にせず進んでいいです。

＊

　次に、先ほど書いたプログラムを実行します。

　「ターミナル」は「roscore」に専有されるので、もう1つ「ターミナル」
を立ち上げます。
　立ち上げた「ターミナル」で、以下のように入力しましょう。

```
$ python hello_world.py
```

　以下のように表示されたでしょうか。

```
[INFO] [WallTime: 1426999555.322076] Hello World
```

　「数字」の部分は違うと思いますが、「Hello World」の表示が確認でたら
「Ctrl-c」で「python hello_world.py」を終了してください。

＊

これで、みなさん、「ROS のプログラマー」になることができました。
おめでとうございます！

PC の画面は、次の図のようになっていることでしょう。

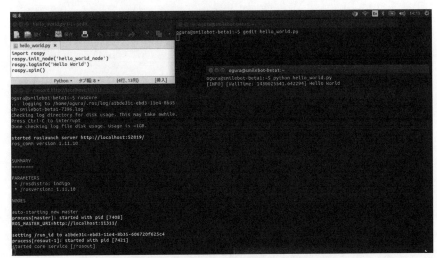

図 17　「hello_world」実行時のデスクトップ

すでに「turtlesim」でも経験したように、「ROS」ではこのように大量の
ターミナルを立ち上げます。
　「Terminal」では「Ctrl-Shift-T」のショートカットキーでタブを使って 1
つの Window で複数のターミナルを立ち上げることもできます。
　他にも「screen」や「tmux」といった、ツールを使える人は、使ってみ
るといいでしょう。
　各人工夫して、Window がゴチャゴチャにならないようにしましょう。

では、たった 4 行ですが、1 行ずつ解説します。
　　　　　　　　　　　　　＊
　「ROS」の wiki ではサンプルのすべての行を解説してあり、非常に分か
りやすいです。
　本書もそれに倣ったスタイルで解説します。
　最初にプログラムの一部を提示し、その解説が続きます。

```
import rospy
```

「rospy」という「Python」で「ROS」を使うためのライブラリをロードしています。

```
rospy.init_node('hello_world_node')
```

ロードした「rospy ライブラリ」を使って「ROS」の「Node」を作っています。
「Node」には「名前」をつけることができ、今回は「hello_world_node」という名前にしました。

```
rospy.loginfo('Hello World')
```

画面に「Hello World」という文字列を表示しつつ、実は「ROS」を使って「ROS ネットワーク」上に、この文字列を送信しています。

```
rospy.spin()
```

実は、「rospy.spin()」は無限ループで、単に「Ctrl-c」でプログラムが終了するのを待っているだけです。
文字列の送信が終わるまでプログラムを終了させないために必要です。

*

ここまでできれば、あなたも「ROS プログラマー」の仲間入りです。
おめでとうございます！

第2部

基本的なプログラム ①

第7章

「ROS」のプログラムを書く

それでは、いよいよ、本格的に「ROS のプログラム」を書いていきましょう。

7.1　「ワーク・スペース」を作る

　「ROS」を使ったプログラムを作るためには、「ワーク・スペース」と呼ばれる「作業用ディレクトリ」が必要です。

　以下のコマンドを打って、「作業ディレクトリ」を作りましょう。

　「~/catkin_ws (catkin work space)」というディレクトリを使うのが一般的なので、そうしましょう。

```
$ mkdir -p ~/catkin_ws/src
$ cd ~/catkin_ws/src
$ catkin_init_workspace
```

　「catkin_init_workspace」は「catkin」という「ROS」の「ビルドシステム」用の「ワーク・スペース」を作るコマンドで、一度だけ実行します。

　本書ではもう出てきません。

　ここまでできたら、「ワーク・スペース」で一度「ビルド」します。

```
$ cd ~/catkin_ws
$ catkin_make
```

　最後に「青い文字」で、以下のように表示されれば、成功です。
（数字の部分は違うかもしれません）。

```
####
#### Running command: "make -j4 -l4" in "/home/yourname/catk
in_ws/build"
####
```

「catkin_make」というコマンドは、「ROS」のプログラムをビルドするときには必ず使うので、こちらは必ず覚えておきましょう。
このコマンドによって、「devel」「build」というディレクトリが「catkin_ws」以下に出来ます。

そして、以下のように、「setup.bash」ファイルを読み込みます。

```
$ source ~/catkin_ws/devel/setup.bash
```

これは毎回必要になるので、「.bashrc」に書いてしまったほうがいいです。
エディタで「~/.bashrc」を開いて、いちばん下にある以下の部分を探してください。

```
source /opt/ros/melodic/setup.bash
```

この行を、以下のように書き換えてしまいましょう。

```
source ~/catkin_ws/devel/setup.bash
```

「gedit」を使う場合は、以下のように入力すれば、「~/.bashrc」が編集できます。

```
$ gedit ~/.bashrc
```

＊

では、ちゃんと「ワーク・スペース」が作れたか確認します。
新しい「ターミナル」を開いて、そこで以下のように打ってください。
いつものように「Tab」で補完ができます。

```
$ echo $ROS_PACKAGE_PATH
```

以下のように表示されたら、成功です。

```
/home/username/catkin_ws/src:/opt/ros/melodic/share:/opt/ros/
melodic/stacks
```

「username」のところには、あなたの「ユーザー名」が入ります。

7.2 「パッケージ」の作成

「ROS」には「パッケージ」という単位があります。

ある程度固まった機能をもった「プログラム」を、1つの「パッケージ」とします。

「ROS」では、すべての「プログラム」は、なんらかの「パッケージ」に所属することになります。

そのため、「自作プログラム」を作る前に、「自作パッケージ」を作りましょう。

*

まずは、「ワーク・スペース」内の「src」ディレクトリに移動します。

```
$ cd ~/catkin_ws/src
```

「catkin_create_pkg」というコマンドで、「パッケージ」の「雛形」が作れます。

```
$ catkin_create_pkg ros_start rospy roscpp std_msgs
```

以下のように、表示されるはずです。

```
Created file ros_start/package.xml
Created file ros_start/CMakeLists.txt
Created folder ros_start/include/ros_start
Created folder ros_start/src
Successfully created files in /home/username/catkin_ws/src/
ros_start. Please adjust the values in package.xml.
```

「CMakeLists.txt」「package.xml」と「src」ディレクトリ、「include」ディレクトリが作られました。

「CMakeLists.txt」は、「cmake」という「ROS」が使っている「ビルド・システム」の「設定ファイル」です。

「pacakge.xml」は、「ROS」の「パッケージ管理システム」が利用するファイルで、先ほど書いた「std_msgs」「rospy」「roscpp」といった依存関係も、このファイルに書いてあります。

*

　「ros_start」というのが作る自分のパッケージ名（自由につけてかまいません）、その後に続く「std_msgs」「rospy」「roscpp」は、依存パッケージです。

　「ros_start」パッケージで利用したい外部パッケージの名前を並べます。
この時点で分からなければ、後で加えることもできます。

　ここまで出来たら、一度「catkin_make」する必要があります。
　先ほどと同じように、

```
$ cd ~/catkin_ws
$ catkin_make
$ source ~/catkin_ws/devel/setup.bash
```

としましょう。
　すると、「自作パッケージ」の「ros_start」を使うことができるようになります。

＊

　「roscd」で確認してみましょう。

```
~/catkin_ws$ roscd ros_start
```

として、

```
~/catkin_ws/src/ros_start$
```

のように移動できれば、成功です。

　しかし、

```
roscd: No such package/stack 'ros_start'
```

と表示されるようだと、失敗しています。
　「~/.bashrc」の"保存忘れ"などがないか、「エディタ」で開いてもう一度
確認してみましょう。

7.3　「Python」で「Publisher」を作る

■ まずは「Python」で書こう

　では、さっそく「ROS」の「Topic」を「Publish」する側のプログラム、「Publisher」を、「Python」で作りましょう。

　「ROS」を初めて使う人は、必ず「C++」か「Python」を使ってください。
　すでにどちらかをマスターしている人はそれを使い、どちらも自信がない人は「Python」を使うといいでしょう。
　ただし、本書では「Python」を使います。

　「Python」は非常に学習しやすい言語で、「公式のドキュメント」「チュートリアル (http://docs.python.jp/2/tutorial/)」が、非常に充実しています。
　日本語化されているので、まったく分からない人でも、数時間あれば使えるようになると思います。
　「ROS」を始める前にマスターしておくと、スムーズに学習を進めることができます。
　「C++」しか分からない人も、「ROS」では「Python」スクリプトが頻繁に出てくるので、使えるようになっておくことをお勧めします。

　とは言っても、本書では「Python」が分からなくても、何かプログラミング言語に触れたことがある人なら分かるように解説します。安心してください。

　また、「C++」の書き方も後で紹介しますのでお待ちください。

*

　まずは先ほど作った「パッケージ・ディレクトリ」の「ros_start」に移動しましょう。

```
$ cd ~/catkin_ws/src/ros_start
```

　これは、先ほど使った「roscd」でも同じことができます。

```
$ roscd ros_start
```

[7.3]「Python」で「Publisher」を作る

「ROS」では「scripts」という「ディレクトリ」に、「Python」スクリプトを置くことが多いので、「ros_start」パッケージ直下に作って、そこに移動します。

```
$ mkdir scripts
$ cd scripts
```

ここで、エディタを使って、「talker.py」というファイルを、以下の内容で作ってください。

たったの 12 行なので、頑張りましょう。

「エディタ」に「こだわり」がない方は「gedit」を使ってください。

```
$ gedit talker.py
```

として起動できます。

ただし、「gedit」でプログラムを書くのは非常に面倒なので、「Emacs」や「vim」のような強力なエディタを使うことを強くお勧めします。

ちなみに、私は「Emacs」派です。

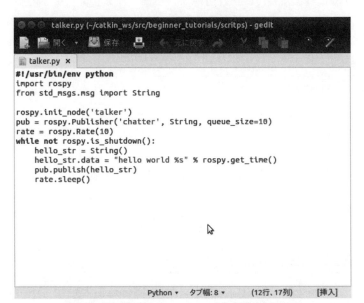

図 18 「gedit」で「talker.py」を入力したところ

```
#!/usr/bin/env python
import rospy
from std_msgs.msg import String

rospy.init_node('talker')
pub = rospy.Publisher('chatter', String, queue_size=10)
rate = rospy.Rate(10)
while not rospy.is_shutdown():
    hello_str = String()
    hello_str.data = "hello world %s" % rospy.get_time()
    pub.publish(hello_str)
    rate.sleep()
```

■「talker.py」の全行解説

では、1行ずつ、何をしているのか、解説していきます。

＊

```
#!/usr/bin/env python
```

これは、「Python」で実行する「ファイル」を作るための、「お決まり」です。

先頭行にこれを書いて、実行可能な「パーミッション」を与えることで、あたかも「実行ファイル」であるかのように扱うことができます。

詳しくは後でやります。


```
import rospy
```

ここでは、「rospy」というモジュールを「import」して、プログラムで使えるようにしています。

「rospy」は「ROS」を「Python」から利用するための「ライブラリ」で、すべての「Python」の「ROS」プログラムで利用する、最も重要なライブラリです。


```
from std_msgs.msg import String
```

次に、「std_msgs」というパッケージから「String」という「Message型」を「import」しています。

これは、「std_msgs/String」という「Message型」を表わしていて、これからこの「型」で「Topic」を「Publish」するのに使います。

```
rospy.init_node('talker')
```

これは、「Python」で「ROS」のプログラムを書くときに、最初に書くものです。

これを書くと、「talker」という名前の「ROS」の「ノード」になります。
これを実行することで、「ROS Master」に名前が登録されます。
これをしないと、「ROS」の通信は、一切できません。

名前は「talker」でなくてもなんでもいいのですが、「/」で開始することはできません。

```
pub = rospy.Publisher('chatter', String, queue_size=10)
```

「chatter」という「名前」で、「std_msgs/String」型の「Topic」に「Publish」する「Publisher」を作っています。

「queue_size=10」は「バッファとして10つ値を保持する」という意味ですが、まだ気にしなくていいです。

```
rate = rospy.Rate(10)
```

これは「10Hz」(1秒間に10回)で定期的にプログラムを実行するための、「Rate」という「クラス」の「インスタンス」を作っています。

「ロボット」では「一定周期で何かをさせる」ことが多いです。
普通に、定期的に「sleep」した場合と異なり、「実行にかかった時間」を考慮して「sleep」してくれるので、正確な周期で実行が可能になります。
(リアルタイムなシステムではないので、「正確」といっても制御に使えるほどの精度は期待しないほうがいいでしょう)。

「Rate」は便利なので、覚えておくといいと思います。

```
while not rospy.is_shutdown():
```

　プログラムが「Ctrl-c」で終了されるまでの「無限ループ」を定義しています。

　「rospy.is_shutdown()」というのは、(a) ユーザーが「Ctrl-c」を押したり、(b) 外部から終了指令が出たときに、「True」になるようになっています。

　プログラム中ではこれを使って正常終了できるようにする必要があります。

```
hello_str = String()
```

　実際に送信する「String」の「メッセージ」を、「String」クラスから作っています。

　ここから「インデント」が違います。

　「Python」は「C言語」などとは異なり、「見た目」と「文法」が一致しているので、"正しく"「インデント」する必要があります。

　「hello_str」の前に、「スペース」を「4つ」入れましょう。

```
hello_str.data = "hello world %s" % rospy.get_time()
```

　作った「hello_str」の内容を書き込んでいます。

　「hello_str」の「data」という「メンバ変数」に書き込んでいるわけですが、「std_msgs/String」がどのような構造なのかを知っておく必要があります。

　「ROS」の「Message」型は「rosmsg show」コマンドで調べることができます。

　「std_msgs/String」を調べるには、以下のようにします。

```
$ rosmsg show std_msgs/String
```

　結果は、以下のようなものになります。

```
string data
```

　「data」という「名前の変数」をもち、その型は「string」型であることが分かります。

先頭が「小文字の string」はシステム標準の「string」(C++ ならば「std::string」、Python なら「文字列」)になります。

＊

だいぶ脱線しましたが、残り2行です。

```
pub.publish(hello_str)
```

予め作っておいた「Publisher」である「pub」を使って、「ROS」のメッセージである「hello_str」を「Publish」(送信)しています。

```
rate.sleep()
```

先ほど解説した「Rate」の機能によって、「10Hz」を実現するために必要な時間「sleep」します。

以上です。

＊

では、これを実行する前に、「受信側」である、「Subscriber」を作りましょう。

7.4 「Python」で「Subscriber」を作る

「受信側」を同じ言語で作る必要はないのですが、今回も「Python」で書きます。

「listener.py」という名前にしましょう。

たったの10行です。

「gedit」を使う場合は、以下のようにするといいでしょう。

```
$ roscd ros_start/scripts
$ gedit listener.py
```

```
#!/usr/bin/env python
import rospy
from std_msgs.msg import String
```

```
def callback(message):
    rospy.loginfo("I heard %s", message.data)

rospy.init_node('listener')
sub = rospy.Subscriber('chatter', String, callback)
rospy.spin()
```

■「listener.py」の全行解説

では、すべての行を、解説します。

```
#!/usr/bin/env python
import rospy
from std_msgs.msg import String
```

1～3行目までは、「talker.py」とまったく同じです。もう説明は必要ない でしょう。

「受信側」でもまったく同じように、「ROS」のメッセージ「std_msgs/ String」型を必要とします。

```
def callback(message):
```

「Python」が分からない人でも、なんとなく分かると思います。「def」は 「Python」のキーワードで、「関数」を定義します。

「callback」という名前の関数で、「message」という「引数」を取る関数 を定義しています。

「おしり」の「:」を忘れないようにしましょう。

「Python」では「引数の型」は定義しませんが、「std_msgs.msg.String」 型の「インスタンス」が入ります。

```
    rospy.loginfo("I heard %s", message.data)
```

「rospy.loginfo」は、最初の「Hello World」でやりました。

基本的に、「文字列」を「表示」するだけですが、その結果は、実は、「ROS」 の「Topic」として「Publish」されているので、「ネットワーク」を通じて

確認できます。
　後で確認してみましょう。

```
rospy.init_node('listener')
```

　先ほどと同じく、「listener」という「名前」で、「ROS Node」として登録
しています。

```
sub = rospy.Subscriber('chatter', String, callback)
```

　「chatter」という「名前」で、「std_msgs/String」という型の「Topic」
を「Subscribe」し、「受信したデータ」に対して、「callback」という「関数」
を実行するようにしています。

```
rospy.spin()
```

　「spin()」で「無限ループ」しながら「受信」を待ちます。
　「プログラム」は、この行で停止しますが、「受信」したときに「callback
関数」が呼ばれます。

7.5 「talker.py」と「listener.py」を実行してみる

　では、この2つの「プログラム」を「実行」してみます。
　　　　　　　　　　　　*
　その前に、「プログラム」を「実行可能」な状態にします。

```
$ chmod 755 talker.py listener.py
```

　このように「chmod 755」を実行して、かつ「ファイルの先頭行」に、

```
#!/usr/bin/env python
```

がある場合、その「.py」ファイルは、「実行ファイル」として、そのまま実
行できるようになります。
　　　　　　　　　　　　*
　次に「ターミナル」を3つ用意します。

1つ目で「roscore」を実行します。

「roscore」は「ROS Master」で、「ROS」のすべての通信の結合を管理します。

```
$ roscore
```

2つ目で「talker.py」を「rosrun」を使って実行します。

「rosrun」は、特定のパッケージにある「実行ファイル」を実行するためのツールです。

```
$ rosrun ros_start talker.py
```

3つ目で「listener.py」を「rosrun」を使って実行します。

```
$ rosrun ros_start listener.py
```

> ※「rosrun」は使わずに、
>
> ```
> $ roscd ros_start/scripts
> $ ./listener.py
> ```
>
> などとしても、同じです。

*

以下のように、「listener.py」側に表示されたでしょうか。

「talker.py」側からデータが送信できたようです。

```
[INFO] [WallTime: 1426390434.937567] [464920.720000] I heard
hello world 464920.69
[INFO] [WallTime: 1426390435.051192] [464920.830000] I heard
hello world 464920.79
[INFO] [WallTime: 1426390435.114786] [464920.900000] I heard
hello world 464920.89
```

では「rospy.loginfo」が本当に単に「print」しているだけでないことを、確認しましょう。

新しい「ターミナル」を立ち上げて、以下のコマンドを打ってください。

```
$ rqt_console
```

[7.5]「talker.py」と「listener.py」を実行してみる

次のような「Window」が立ち上がります。

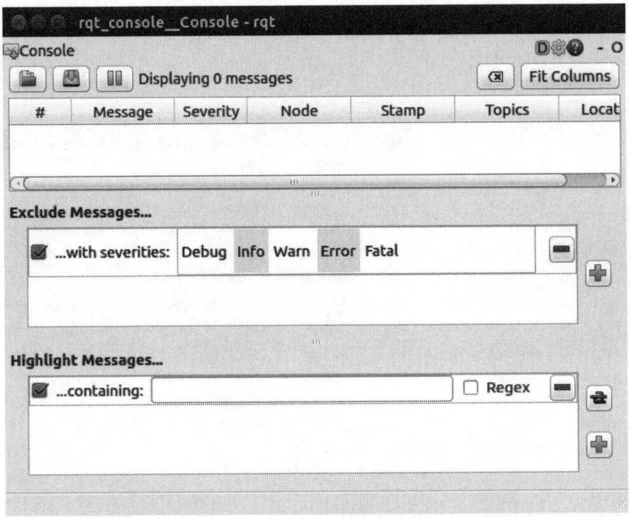

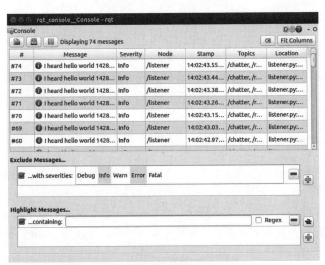

図19 「rqt_console」を立ち上げた状態

「listener.py」「talker.py」が実行中であれば、このWindowにも同じメッセージ、「I heaerd ....」が表示されたはずです。

図20 「rqt_console」に表示されたメッセージ

このように、ネットワーク上に分散配置されたすべての「ROS ノード」
の「loginfo」は「rqt_console」で一斉に確認できます。
下のほうにある「Exclude Messages」の「Info」をクリックして、赤く
反転した状態にしてみましょう。

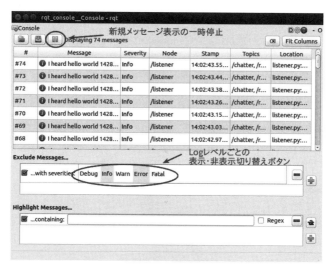

図21　「rqt_console」に表示されたメッセージ

こうすると、メッセージが消えます。
「rospy」には「log」という機能があり、その重要度に応じてレベルが
決められています。
重要なものから、「Fatal」「Error」「Warn」「Info」「Debug」で、「rospy.
loginfo」はそのうちの、「Info」というレベルの「log」です。

で、今、GUI で、この「Info」というレベルの「log」を表示しないよう
にしました。
このように表示するレベルをコントロールする機能が、「rqt_console」に
はあります。
ここでは使い方を詳しくは紹介しませんが、他にも必要な「Log」を選択
する機能がいろいろあります。必要になったら、「rqt_console」をいじって
みてください。

7.6　「roslaunch」で楽をしよう

　「ROS」では、その性質上、多くのプログラムを同時に走らせる必要があります。少なくとも、「roscore」と、「通信する2つのプログラム」の合計3つを、最低でも立ち上げる必要があります。

　そのため、「ターミナル」をいっぱい立ち上げることになりがちです。

　「roslaunch」は「roscore」を含む複数のプログラムを、一斉に立ち上げるツールです。システムが複雑になってきたら、使いましょう。

　ここでは、最初に作った「自作プログラム」の、「talker.py」と「listener.py」を立ち上げる設定をしてみます。

＊

[1]　まず、いったんすべての「ターミナル」と「Window」を落としてください。

[2]　新しい「ターミナル」を上げて、以下を「ros_start/launch/chat.launch」として保存しましょう。

> ※「gedit」の場合は、
>
> ```
> $ roscd ros_start
> $ mkdir launch
> $ gedit launch/chat.launch
> ```
> とするとよいでしょう。

　「roslaunch」の「設定ファイル」は、「拡張子」が「launch」で、「パッケージ」内の「launch」という「ディレクトリ」内に整理することになっています。

　「文法」は「xml」で記述します。

```
<launch>
  <node pkg="ros_start" name="talker" type="talker.py"/>
  <node pkg="ros_start" name="listener" type="listener.py"/>
</launch>
```

　ファイルを見れば、なんとなく何をやっているか分かると思いますが、一応解説します。

```
<launch>
```

「設定ファイル」は必ずこの「タグ」で囲います。

```
<node pkg="ros_start" name="talker" type="talker.py"/>
<node pkg="ros_start" name="listener" type="listener.py"/>
```

「node」という「タグ」で、実行する「ROS」の「ノード」を指定します。

「pkg」が「パッケージ名」で、「type」が「実行ファイル名」です。

残る「name」ですが、そのまま、「ノードの名前」です。
これは同じ「実行ファイル」を複数立ち上げたいときに重要になるのですが、「ROS」の管理上は、「実行ファイル名」ではなく、この「name」で管理されます。
また、「rospy.init_node()」で指定したものも、これと同じ意味をもちます。

そして、「roslaunch」を使う場合、「init_node」で指定した文字列ではなく、この「name」で指定したものが使われます。

```
</launch>
```

最後は、必ず「</launch>」で閉じます。

＊

この設定で実行するには、「roslaunch」コマンドを使います。

```
(roslaunch) + (パッケージ名) + (ファイル名)
```

で起動します。

```
$ roslaunch ros_start chat.launch
```

または、

```
(roslaunch) + (ファイルパス)
```

でも実行できます。

```
$ roscd ros_start
$ roslaunch ./launch/chat.launch
```

■ 実行結果

「実行結果」は、以下のようになります。

```
... logging to /home/yourname/.ros/log/578dde24-d048-11e4-
a9b4-606720f625c4/roslaunch-localhost-31110.log
Checking log directory for disk usage. This may take awhile.
Press Ctrl-C to interrupt
Done checking log file disk usage. Usage is <1GB.

started roslaunch server http://localhost:36195/

SUMMARY
========

PARAMETERS
 * /rosdistro: melodic
 * /rosversion: 1.11.10

NODES
  /
    listener (ros_start/talker.py)
    talker (ros_start/talker.py)

ROS_MASTER_URI=http://localhost:11311

core service [/rosout] found
process[talker-1]: started with pid [31128]
process[listener-2]: started with pid [31131]
```

　ここで、何も表示されません。
　単独で実行したときは、通信が見えたのですが、「roslaunch」で実行した
場合は、デフォルトでは「各ノード」の「出力」は表示されません。

　しかし、ちゃんとプログラムが動いていることが、「rostopic」を使えば、
確認できます。

「rostopic」で「一覧」を表示すると、「/chatter」トピックが確認できます。

```
$ rostopic list
/chatter
/rosout
/rosout_agg
```

「rostopic echo」でデータが見れます。

```
$ rostopic echo /chatter
data: hello world 1428206758.65
---
data: hello world 1428206758.75
---
data: hello world 1428206758.74
---
data: hello world 1428206758.85
---
data: hello world 1428206758.84
---
data: hello world 1428206758.95
---
```

＊

「rqt_graph」でも確認できるので、立ち上げてみましょう。
新しい「ターミナル」を上げて、

```
$ rqt_graph
```

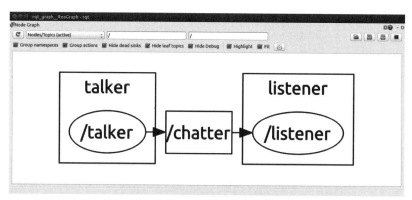

図22 「rqt_graph」で、接続を確認

*
では、すべての Window をいったん閉じてください。

もともとの「テキスト」出力を見たい場合は、

```
$ roslaunch ros_start chat.launch --screen
```

とします。

```
[INFO] [WallTime: 1428207094.139505] I heard hello world
1428207094.11
[INFO] [WallTime: 1428207094.253285] I heard hello world
1428207094.21
[INFO] [WallTime: 1428207094.316928] I heard hello world
1428207094.31
[INFO] [WallTime: 1428207094.430699] I heard hello world
1428207094.41
[INFO] [WallTime: 1428207094.544414] I heard hello world
1428207094.51
```

または「chat.launch」を以下のように書き換えます。
「listener.py」の出力だけを表示します。

```
<launch>
  <node pkg="ros_start" name="talker" type="talker.py"/>
  <node pkg="ros_start" name="listener" type="listener.py" ou
tput="screen"/>
</launch>
```

「rqt_console」には、この設定に関係なく、表示されます。

「roslaunch」は非常に機能が豊富なので、もし、「こういう機能はないのか
なぁ？」と思ったら、「http://wiki.ros.org/roslaunch/XML」で仕様を調べて
みてください。やりたいことが、たいていできるはずです。

これで「Topic」を使ったプログラムが書けるようになりました。

第8章

「シミュレータ」上の「ロボット」を動かす

シミュレータでロボットを動かしてみましょう。

8.1 「シミュレータ」の「インストール」と実行

まず、「kobuki」という「ロボットのシミュレータ」をインストールします。

現在、「melodic」用の「kobuki」はリリースされていません。

そのため、ソースコードからコンパイルするという、特殊なインストールを行ないます。

便利なスクリプトが公開されているのでそれを使います。

以下のコマンドを実行します。

```
cd ~/catkin_ws && curl -sLf https://raw.githubusercontent.com/
gaunthan/Turtlebot2-On-Melodic/master/install_all.sh | bash
$ catkin_make
```

「sudo」で「パスワード」を聞かれたら、自分の「パスワード」を入力します。

```
Do you want to continue? [Y/n]
```

と聞かれたら、そのまま「エンター・キー」を押してください。

次に、「roslaunch」で、シミュレータを実行します。

```
$ source ~/catkin_ws/devel/setup.bash
$ roslaunch kobuki_gazebo kobuki_playground.launch
```

しばらく（環境によっては
数分）待つと、図のような画
面が表示されます。

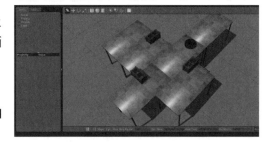

**図23　「gazebo」による「kobuki」
のシミュレーション**

これが「Gazebo」です。

机の上に「ルンバ型」の「ロボット」(kobuki) が、表示されています。

8.2 「ROS」を使って「ロボット」を動かす

■ ロボットを動かすプログラムを書く

次にこの「ロボット」を「ROS」を使って動かしてみましょう。

*

いつものように、以下のファイルを「ros_start/scripts/vel_publisher.py」として作りましょう。

「キーボード入力」で「ロボット」を動かすプログラムです。

```python
#!/usr/bin/env python
import rospy
from geometry_msgs.msg import Twist

rospy.init_node('vel_publisher')
pub = rospy.Publisher('/mobile_base/commands/velocity', Twist, queue_size=10)
while not rospy.is_shutdown():
    vel = Twist()
    direction = raw_input('f: forward, b: backward, l: left, r: right > ')
    if 'f' in direction:
        vel.linear.x = 0.5
    if 'b' in direction:
        vel.linear.x = -0.5
    if 'l' in direction:
        vel.angular.z = 1.0
    if 'r' in direction:
        vel.angular.z = -1.0
    if 'q' in direction:
        break
    print vel
    pub.publish(vel)
```

基本の構造は、「talker.py」と同じです。

すべての「行」で、何をやっているのか、解説します。

```
#!/usr/bin/env python
import rospy
```

　ここはまったく同じです。すべての「ROS Python」コードで、同じになります。

```
from geometry_msgs.msg import Twist
```

　次に、「import」しているのが、「String」(std_msgs/String) から「Twist」(geometry_msgs/Twist) に変更になっています。

　「Twist」はロボットの速度を指令するのによく使われます。「並進の速度」と「回転の速度」を合わせたものです。「turtlesim」でもこの型を使いました。

```
rospy.init_node('vel_publisher')
```

　変更する必要はないのですが、「ノードの名前」を「vel_publiser」に変更しました。

```
pub = rospy.Publisher('/mobile_base/commands/velocity', Twist, queue_size=10)
```

　「Publisher」の「Topic名」が「/mobile_base/commands/velocity」になり、「型」が「Twist」になっています。

```
while not rospy.is_shutdown():
```

　同じく、終了するまでの、「無限ループ」です。

```
    vel = Twist()
```

　「String」ではなく、「Twist」のメッセージを「vel」として作っています。

```
    direction = raw_input('f: forward, b: backward, l: left, r: right > ')
```

　キーボード入力を受け付けます。

　「raw_input」は「Python」の「標準関数」で、「入力」があるまで「プログラム」がブロック。

　「エンター・キー」が「入力」されるまでに「入力」された「文字列」が、「direction」に入ります。

```
if 'f' in direction:
    vel.linear.x = 0.5
```

　「入力された文字列」中に「f」が存在すれば、「並進速度」(vel.linear)の「x成分」に「0.5」を代入します。

　「ROS」は「SI単位系」なので、「0.5[m/s]」です。

```
if 'b' in direction:
    vel.linear.x = -0.5
if 'l' in direction:
    vel.angular.z = 1.0
if 'r' in direction:
    vel.angular.z = -1.0
```

　「b」で「バック」を表わし、「l」で「左回転」、「r」で「右回転」を表わします。

　「vel.angular.z」が「ロボットのZ軸周りの回転」を表わします。単位は[rad/s]です。

```
if 'q' in direction:
    break
```

　「q」を入力すると、ループを抜けて、終了するようにしています。

■ プログラムを実行する

では「実行」してみましょう。まず、「実行権限」をつけます。

```
$ roscd ros_start/scripts
$ chmod 755 vel_publisher.py
```

　そして実行。

第8章 「シミュレータ」上の「ロボット」を動かす

```
$ ./vel_publisher.py
f: forward, b: backward, l: left, r: right >
```

　上のように表示されたら、「f」を入力して「エンター・キー」を押してください。

```
f: forward, b: backward, l: left, r: right > f
linear:
  x: 0.5
  y: 0.0
  z: 0.0
angular:
  x: 0.0
  y: 0.0
  z: 0.0
```

のように、「vel」の中身が表示され、シミュレータ上のロボットが移動したはずです。

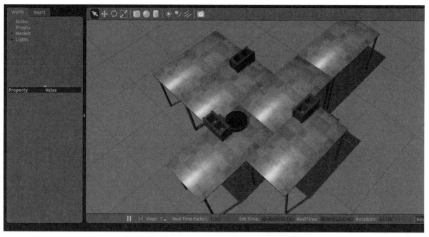

図24　「ロボット」が「前進」した状態

　続いて、「fr, bl」などのコマンドを打ってみてください。
　ロボットを自由に動かせたでしょうか。
　ロボットが机から落ちてしまったら以下のコマンドを打った「ターミナル」で「Ctrl-c」を押していったん終了します。

　終了には少し時間がかかるので、入力ができる状態になるまで待ちましょう。

　入力ができる状態になったら矢印キーの上を一度押すと、先ほどのコマンドが出てきます。そこでエンターを押すと、シミュレータを再起動できます。

```
$ roslaunch kobuki_gazebo kobuki_playground.launch
```

　その際、「roscore」も上げ直したことになるため、「vel_publisher.py」も立ち上げ直す必要があります。

■ 座標系の話

　話がそれますが、ここで「ロボットの座標系」の話をしておきます。

　これまでに何度か速度を入力するときに出てきたように、「ROS」では次に示す図のように座標を扱います。

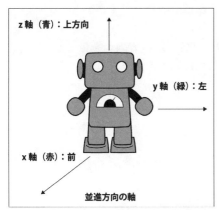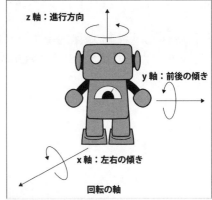

図25　「ロボット」における「座標」の取り方

　まず、「並進運動」で考えたときに、「進行方向」が「x」、「左」が「y」、「上」が「z」です。

　この軸の取り方は、「ロボット」の世界ではわりと一般的な軸の取り方です。

「CG」の世界だと「奥行き」を「Z」にとったりするので若干違和感を覚える人がいるかもしれません。

後で出てくる「rviz」などの「可視化ツール」では、「x軸」を「赤」で、「y軸」を「緑」で、「z軸」を「青」で表わすことが多いです。
「RGB」を「x, y, z」の順に当てはめると、こうなるわけです。覚えておくといいと思います。

*

また、「回転」は、「並進の軸」に向かって「右回転」させる方向が、「軸周りの回転」になります。
なので、平面を動くロボットの「回転」というのは、「z軸周り」の「回転」となり、「上から」見たときに「反時計回り」が「正の回転」となります。
そのため、「angular.z」に「正の値」を入れると、「左回転」することになるわけです。

「右手」の、「親指」「人差し指」「中指」を曲げたときに、「x, y, z」と順に割り振ったのが「右手系」と呼ばれる座標の取り方です。

「回転」も「右手の親指を立てた」ときに、「親指方向」を軸として、「その他の曲げた指の向き」が「回転方向」になります。

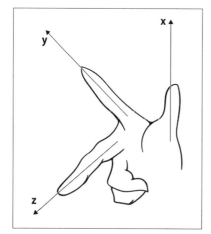

図26 「右手系」の考え方（軸方向）

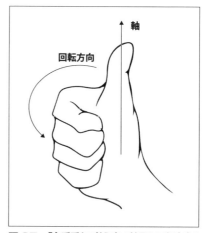

図27 「右手系」の考え方（軸周り回転方向）

8.3 「Subscriber」を使って、「センサ・データ」を読む

■ プログラムを改造する

次に、「vel_publisher.py」を少し改造して、バンパーに反応するロボット
を作ってみましょう。

同じディレクトリに、「vel_bumper.py」として保存してください。

```python
#!/usr/bin/env python
import rospy
from geometry_msgs.msg import Twist
from kobuki_msgs.msg import BumperEvent

rospy.init_node('vel_bumper')
pub = rospy.Publisher('/mobile_base/commands/velocity', Twist, queue_size=10)

def callback(bumper):
    print bumper
    vel = Twist()
    vel.linear.x = -1.0
    pub.publish(vel)

sub = rospy.Subscriber('/mobile_base/events/bumper', BumperEvent, callback)

while not rospy.is_shutdown():
    vel = Twist()
    direction = raw_input('f: forward, b: backward, l: left, r: right > ')
    if 'f' in direction:
        vel.linear.x = 0.5
    if 'b' in direction:
        vel.linear.x = -0.5
    if 'l' in direction:
        vel.angular.z = 1.0
    if 'r' in direction:
        vel.angular.z = -1.0
    if 'q' in direction:
        break
    print vel
    pub.publish(vel)
```

*

増えた部分を解説します。

```
def callback(bumper):
```

「callback」という関数を定義しています。

```
    print bumper
```

必須ではありませんが、とりあえず引数の中身を表示します。

```
    vel = Twist()
```

「Twist型」のメッセージを「vel」として作っています。

```
    vel.linear.x = -1.0
```

「並進速度」に「-1.0[m/s]」をセットします。

```
    pub.publish(vel)
```

速度を発行します。

```
sub = rospy.Subscriber('/mobile_base/events/bumper', BumperEv
ent, callback)
```

ここが最も重要な部分です。

```
/mobile_base/events/bumper
```

という名前で「BumperEvent」(正確には「kobuki_msgs/BumperEve
nt」)という型の「Topic」を購読し、「受信したデータ」について、「callback」
という「関数」を呼び出します。

■ プログラムを実行する

では、実行してみましょう。

*

実行前には、いつもと同じように、

```
$ chmod 755 vel_bumper.py
```

が必要です。

```
$ ./vel_bumper.py
```

または、

```
$ rosrun ros_start vel_bumper.py
```

で実行します。

　こんどは、「ロボット」が「ブロック」にぶつかるまで「f」を入力して
みてください。
　「ブロック」にぶつかると、勝手にバックすると思います。
　「センサ」に反応すると、少し「ロボット」っぽくなったのではないでしょ
うか。

8.4 「Parameter」を使う

　こんどは「速度」が"決め打ち"なのを、「ROS」の「Parameter」の
仕組みを使って、「速度」を「セット」できるようにしましょう。
　そして、すぐ止まらないように、「1秒間」は連続して「Publish」するよう
にしましょう。

```python
#!/usr/bin/env python
import rospy
from geometry_msgs.msg import Twist
from kobuki_msgs.msg import BumperEvent

rospy.init_node('vel_bumper')
vel_x = rospy.get_param('~vel_x', 0.5)
vel_rot = rospy.get_param('~vel_rot', 1.0)
pub = rospy.Publisher('/mobile_base/commands/velocity', Twi
st, queue_size=10)

def callback(bumper):
    back_vel = Twist()
    back_vel.linear.x = -vel_x
    r = rospy.Rate(10.0)
    for i in range(5):
        pub.publish(back_vel)
        r.sleep()
```

```
sub = rospy.Subscriber('/mobile_base/events/bumper', BumperEv
ent, callback,
                       queue_size=1)

while not rospy.is_shutdown():
    vel = Twist()
    direction = raw_input('f: forward, b: backward, l: left, r:
right > ')
    if 'f' in direction:
        vel.linear.x = vel_x
    if 'b' in direction:
        vel.linear.x = -vel_x
    if 'l' in direction:
        vel.angular.z = vel_rot
    if 'r' in direction:
        vel.angular.z = -vel_rot
    if 'q' in direction:
        break
    print vel
    r = rospy.Rate(10.0)
    for i in range(10):
        pub.publish(vel)
        r.sleep()
```

＊

「パラメータ」を取得しているのは、以下の2行です。

```
vel_x = rospy.get_param('~vel_x', 0.5)
vel_rot = rospy.get_param('~vel_rot', 1.0)
```

このパラメータをセットするには、「rosparam」を使って、

```
$ rosparam set /vel_bumper/vel_x 1.0
$ rosparam set /vel_bumper/vel_rot 1.5
```

としてセットできます。

　「rosparam」を実行するには「roscore」が走っている必要があります。

　「get_param」の「~」は、「プライベート・パラメータ」を表わします。

　「プライベート」とは、その「Nodeの名前」が「パラメータ名」の先に付きます。「~ = Node名」だと思えばいいです。

　ただし、普通は、実行時に、以下のように引数として、「パラメータ名:=値」を与えることで、「パラメータ」を「セット」できます。

　「プライベート・パラメータ」の場合は、「~」の代わりに「_」（アンダーバー）を付けます。

　「vel_x」という名前の「プライベート・パラメータ」をセットするには、以下のようにします。

```
$ ./vel_bumper.py _vel_x:=1.0
```

　または、以下のように、「_」の代わりに「ノードの名前」を書くこともできます。

```
$ ./vel_bumper.py /vel_bumper/vel_x:=1.0
```

　しかし、「Node の名前」が変わってもいいように、「_」を使ったほうがいいでしょう。

　また、「roslaunch」を使う場合は、以下のようにすると「プライベート・パラメータ」をセットできます。覚えておきましょう。

```
<roslaunch>
  <node pkg="ros_start" type="vel_bumper.py" name="vel_bumper">
    <param name="vel_x" value="1.0"/>
  </node>
</roslaunch>
```

＊

　では、「kobuki」のシミュレーションをいったん終わりにして、別な「ロボット」を試してみましょう。

8.5 「turtlesim」を同じプログラムで動かす

　まずは、前に出てきた「turtlesim」です。

```
$ rosrun turtlesim turtlesim_node
```

　以下のようにして、プログラムを走らせて、「f」や「r」などを押して、「亀」を動かしてみてください。

```
$ rosrun ros_start vel_bumper.py /mobile_base/commands/veloci
ty:=/turtle1/cmd_vel
```

「/mobile_base/commands/velocity:=/turtle1/cmd_vel」として、「vel_bumper.py」が「Publish」するトピックを実行時に変更しています。

このように、「ROS」では「Topic」の名前を実行時に自由に変更できます。少し遅い気がするので、パラメータを使って速度を上げてみましょう。

今動いている「vel_bumper.py」をいったん落として、以下のように「パラメータ」を変更してみましょう。「上」キーを押すと、先ほど実行したコマンドが出てくるので、そこに付け足すと楽に入力できます。

```
$ rosrun ros_start vel_bumper.py /mobile_base/commands/velocity:=/turtle1/cmd_vel _vel_x:=1.5
```

無事「亀」を動かせたら、いったんすべてのプログラムを終了してください。

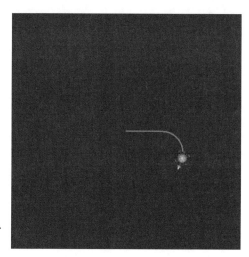

図28 「自作プログラム」で、「turtlesim」を動かす

8.6 「PR2」を動かす

「PR2」は、「ROS」の「標準プラットフォーム」として、現在の「Open Source Robotics Foundation」の前身となった、「Willow Garage」社で作られた「ロボット」です。

現在は新規生産されていませんし、ソフトもあまり頻繁にメンテされていないようです(東大の方が主にメンテしているようです)。

ですが、元標準であるだけはあって、参考になるところも多いので、シミュレーションで使ってみましょう。

*

まずはインストールです。

```
$ sudo apt-get install ros-melodic-pr2-simulator
```

無事インストールできたら、立ち上げましょう。

```
$ roslaunch pr2_gazebo pr2_empty_world.launch
```

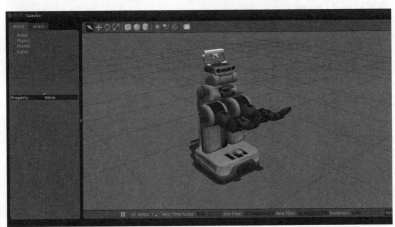

図29 「PR2」のシミュレータを立ち上げたところ

では、まったく同じように、「vel_bumper.py」で動かしてみましょう。

```
$ rosrun ros_start vel_bumper.py /mobile_base/commands/veloci
ty:=/base_controller/command
```

同様に動かすことができたと思います。

このように、「ROS」では、「Topic名の実行時の変更」や、「パラメータのセット」などによって、同一のプログラムでいろんなロボットを動かすことができます。

ただし、これは型が一致している場合に限られます。

「ROS」だからなんでもつながる、ということはなく、つながるように型を合わせたり、「Parameter」で設定を柔軟にセットできるようにしてあるプログラムならばいろんなロボットで使える、というのが正しいです。

「Service」を理解する

次に「Service」の理解を深めたいので、いったんロボットを離れて、またシンプルな通信の例題に戻ります。
前章から引き続きやっている場合には、すでに立ち上がっているプログラムをすべて終了させておいてください。

「Topic」は、通信の相手が居るか居ないかを気にしないで通信する方法でした。
相手を想定しないため楽な一方、相手からの返信を待ちたい場合などには不便です。
そのときは、「Service」という仕組みを使うことができます。
たとえば、「ロボット」の「サーボ」の「On/Off」など、「一度しか送信しない指令」で、かつ、「成否を知りたい」場合などは、「Service」のほうが便利です。

9.1 「ServiceServer」を作る

「ros_start」の中に、「ServiceServer」のサンプルを作りましょう。
まずは、「データを受け取らない Service」での「通信」をしてみましょう。

以下を「scripts/service_server.py」として保存してください。
これが、「Service を呼ばれる側」の「サーバ」になります。

```
$ roscd ros_start
$ gedit scripts/service_server.py
```

```
#!/usr/bin/env python

import rospy
```

↪

```
from std_srvs.srv import Empty
from std_srvs.srv import EmptyResponse

def handle_service(req):
    rospy.loginfo('called!')
    return EmptyResponse()

def service_server():
    rospy.init_node('service_server')
    s = rospy.Service('call_me', Empty, handle_service)
    print "Ready to serve."
    rospy.spin()

if __name__ == '__main__':
    service_server()
```

■「service_server.py」の全行解説

では、「全行解説」をしていきます。

```
#!/usr/bin/env python

import rospy
```

3行目までは、これまでと同じです。

```
from std_srvs.srv import Empty
from std_srvs.srv import EmptyResponse
```

今回使う「Service」の型、「std_srvs/Empty」を、「import」しています。

「Service」そのものを定義する「Empty」と、「返り値」用の「EmptyResponse」を「import」しています。

「std_srvs/Empty」は、「ROS」の標準で用意されている、唯一のサービスの定義です。

```
def handle_service(req):
    rospy.loginfo('called!')
    return EmptyResponse()
```

「Service」を呼ばれたときに行なう処理を、「関数」として定義しています。

実際の利用ケースでは、たとえば「ロボットのサーボ」を実際に「On」にしたりする処理を書くことになるでしょう。

今回は「Log」に「called!」と表示するだけです。

最後に、「返り値を期待される型」、今回は、「EmptyResponse」で返す必要があります。

```
def service_server():
```

この関数が事実上の「メイン・プログラム」になります。

```
    rospy.init_node('service_server')
```

最初にやらなければならない、いつものノードの初期化です。
「service_server」という名前にしました。

```
    s = rospy.Service('call_me', Empty, handle_service)
```

「ServiceServer」の「インスタンス」を作っています。

「Service」の「名前」が「call_me」で、「型」が「Empty」(std_srvs/Empty)。

呼ばれたときに実行する「コールバック関数」が、先ほど定義した関数、「handle_service」になります。

```
    print "Ready to serve."
```

何も表示しないと、プログラムが正常に動いているか分かりづらいので、準備ができたことを「print」します。

```
    rospy.spin()
```

これで「無限ループ」に入り、「Service」が呼ばれるのを待ち続けます。

```
if __name__ == '__main__':
    service_server()
```

「if __name__ == '__main__':」は「Python」のお決まりで、「実行ファイル」
としてこの「ファイル」が使われたときだけ、実行される関数です。

一般に、「メイン関数」はこの中に書くようになっています。

これまではプログラム中にベタにメインの処理を書いていましたが、ここ
からは「関数」として定義して、それを呼び出すようにします。

9.2 「ServiceClient」を作る

次に先ほど定義した「Service」である「call_me」を呼び出す「Service
Client」を作りましょう。

以下を、「scripts/service_client.py」として保存してください。

```
$ roscd ros_start
$ gedit scripts/service_client.py
```

```python
#!/usr/bin/env python

import rospy
from std_srvs.srv import Empty

def call_service():
    rospy.loginfo('waiting service')
    rospy.wait_for_service('call_me')
    try:
        service = rospy.ServiceProxy('call_me', Empty)
        response = service()
    except rospy.ServiceException, e:
        print "Service call failed: %s" % e

def service_client():
    rospy.init_node('service_client')
    call_service()
    rospy.spin()

if __name__ == "__main__":
    service_client()
    call_service()
```

第**9**章 「Service」を理解する

■「service_client.py」の全行解説

では全行解説していきます。

```
#!/usr/bin/env python

import rospy
```

ここまでは、いつもと同じです。

```
from std_srvs.srv import Empty
```

「Service」の定義を「import」します。

```
def call_service():
```

「メイン関数」です。

```
    rospy.loginfo('waiting service')
```

「log」を使ってメッセージを表示します。

```
    rospy.wait_for_service('call_me')
```

「call_me」の「Server」が立ち上がるのを待ちます。

「Topic」の「Publisher」とは異なり、「Service Client」は相手がいないと「ServiceException例外」を起こすので、使うときは「wait_for_service」で、相手が立ち上がるのを待つのが普通です。

```
    try:
        service = rospy.ServiceProxy('call_me', Empty)
        response = service()
    except rospy.ServiceException, e:
        print "Service call failed: %s" % e
```

10行目で「call_me」という名前で、「Empty」(std_srvs/Empty) の「型」の「ServiceProxy」、つまり「ServiceClient」を作っています。

「ServiceProxy」は「関数オブジェクト」なので、「関数」のように「()」

80

で呼び出すことができます。

```
if __name__ == "__main__":
    call_service()
```

「メイン・プログラム」を実行しています。

9.3 「Serivice サンプル」の実行

まず、「roscore」が立ち上がっていない場合は、あらかじめ立ち上げておいてください。

すでに実行中の場合は、上げ直す必要はありません。

```
$ roscore
```

実行可能にします。

```
$ roscd ros_start/scripts
$ chmod 755 service_server.py service_client.py
```

別な「ターミナル」で、サーバの立ち上げ。

```
$ rosrun ros_start service_server.py
```

```
Ready to serve.
```

と表示されたでしょうか。

別な「ターミナル」で、クライアントの実行。

```
$ rosrun ros_start service_client.py
```

「サーバ」側に、

```
[INFO] [WallTime: 1426683652.131828] called!
```

のように表示されたでしょうか。

「ServiceServer」と「ServiceClient」は「Topic」の「Subscriber」と「Publisher」の関係に近いですね。

第10章

「独自型」の「Topic/Service」を作る

ここでは、独自の「Topic」や「Service型」の作り方を解説します。

10.1　「rosmsg」を使う

「ROS」の「Topic」や「Service」の使い方は、だいたい分かったでしょうか。
「ROS」で通信するには「Message型」が必要です。
「Message型」を調べるコマンドとして、「rosmg」があります。

以下のように、「rosmg show」と入力して、「Tab」キーを2回押してみましょう。

```
$ rosmsg show [TAB][TAB]
```

[TAB]は「Tabキーをここで入力する」という意味で、実際に[TAB]とタイプするわけではありません。
すると、以下のように、候補が表示されると思います。

```
$ rosmsg show
actionlib/                  map_msgs/                  rospy_tutorials/
actionlib_msgs/             mongodb_store_msgs/        sensor_msgs/
actionlib_tutorials/        move_base_msgs/            shape_msgs/
audio_common_msgs/          nao_interaction_msgs/      smach_msgs/
bond/                       naoqi_msgs/                sound_play/
control_msgs/               nav_msgs/                  std_msgs/
diagnostic_msgs/            octomap_msgs/              stereo_msgs/
driver_base/                pcl_msgs/                  tf/
dynamic_reconfigure/        pr2_controllers_msgs/      tf2_msgs/
gazebo_msgs/                ros_myo/                   tf2_web_republisher/
geometry_msgs/              rosapi/                    trajectory_msgs/
humanoid_nav_msgs/          roscpp/                    turtle_actionlib/
image_view2/                roseus/                    turtlesim/
kobuki_msgs/                rosgraph_msgs/             visualization_msgs/
```

「geom」まで入力して、また [Tab] を押すと、

```
$ rosmsg show geome[TAB]
```

以下のように「geometry_msgs/」が補完されます。

```
$ rosmsg show geometry_msgs/
```

そして、もう2度「Tab」キーを押すと、候補が出てきます。

```
$ rosmsg show geometry_msgs/
geometry_msgs/Point
geometry_msgs/Point32
geometry_msgs/PointStamped
geometry_msgs/Polygon
geometry_msgs/PolygonStamped
geometry_msgs/Pose
geometry_msgs/Pose2D
geometry_msgs/PoseArray
geometry_msgs/PoseStamped
geometry_msgs/PoseWithCovariance
geometry_msgs/PoseWithCovarianceStamped
geometry_msgs/Quaternion
geometry_msgs/QuaternionStamped
geometry_msgs/Transform
geometry_msgs/TransformStamped
geometry_msgs/Twist
geometry_msgs/TwistStamped
geometry_msgs/TwistWithCovariance
geometry_msgs/TwistWithCovarianceStamped
geometry_msgs/Vector3
geometry_msgs/Vector3Stamped
geometry_msgs/Wrench
geometry_msgs/WrenchStamped
```

では、先ほど使った「geometry_msgs/Twist」を見てみましょう。
「Twist」まで入力して、「Enter」キーを押します。

```
$ rosmsg show geometry_msgs/Twist
```

以下のように、表示されます。

```
geometry_msgs/Vector3 linear
  float64 x
  float64 y
  float64 z
geometry_msgs/Vector3 angular
  float64 x
  float64 y
  float64 z
```

「geometry_msgs/Twist」は「geometry_msgs/Vector3」という「型」の「linear」と「angular」をもち、さらにその中に、それぞれ、「x, y, z」が「float64」の「型」で存在することが分かりました。

```
$ rosmsg list
```

とすると、現在利用可能な、すべての「Message」が表示されます。

「ROS」の「Message」は、「msgファイル」と呼ばれる、「拡張子」が「msg」の「ファイル」で定義されており、「msg」という「ディレクトリ」に入っています。

先ほど見ていた「geometry_msgs」パッケージにある「msgファイル」を見てみましょう。

```
$ roscd geometry_msgs
$ ls msg/
```

としてみてください。
以下のように、「msgファイル」がたくさんあります。

```
Point.msg                QuaternionStamped.msg
Point32.msg              Transform.msg
PointStamped.msg         TransformStamped.msg
Polygon.msg              Twist.msg
PolygonStamped.msg       TwistStamped.msg
Pose.msg                 TwistWithCovariance.msg
```

```
Pose2D.msg                              TwistWithCovarianceStamped.msg
PoseArray.msg                           Vector3.msg
PoseStamped.msg                         Vector3Stamped.msg
PoseWithCovariance.msg                  Wrench.msg
PoseWithCovarianceStamped.msg           WrenchStamped.msg
Quaternion.msg
```

たとえば、先ほど見た「Twist.msg」の中身を見てみます。

```
$ cat msg/Twist.msg
```

```
# This expresses velocity in free space broken into its line
ar and angular parts.
Vector3  linear
Vector3  angular
```

中身が展開される前の先ほど確認した「Twist の定義」が書いてあります。「#」で始まる行は「コメント」です。

「Vector3」も同様に定義されているので、見てみましょう。

```
$ cat msg/Vector3.msg
```

```
# This represents a vector in free space.

float64 x
float64 y
```

「ROS」で行なわれる通信は、必ず「msg ファイル」によって定義された「型」で行なわれます。

「Service」も同じように「定義ファイル」があり、「拡張子」が「srv」のファイルで定義されます。

「srv」に関しては、最初から用意されているものが「std_srvs/Empty」しか存在しないので、「独自型」を用意することが多いです。

なので、「srv ファイル」を自分で作りながら「srv ファイル」について解説します。

10.2 「独自の Service 型」を作る

　「シミュレータ」を使って「移動ロボット」の「速度」を、「Topic」で制御してきました。

　ここで、以下のようなことが、したいとします。

・「外部プログラム」から「速度」(linear.x, angular.z) を「指定」して、動かす
・指定できる「速度」の「値の範囲」が決まっており、「それ以上の速度」は「無視」する
・「速度」が「セットできた」か「無視された」かが、分かる

＊

　このようなときは、「Service」の出番です。

　「ros_start」の中に、これを実現するための独自の「Service」を「定義」してみましょう。

　「Service」の「独自型」として、「拡張子 srv」のファイル (srv ファイル) を「srv ディレクトリ」の中に作ります。

　以下のように「ros_start」パッケージに「srv」というディレクトリを作ってください。

```
$ roscd ros_start
$ mkdir srv
```

　「SetVelocity.srv」という「ファイル」を、「srv/」以下に作ります。
　「gedit」なら、以下のようにして、エディタを立ち上げます。

```
$ gedit srv/SetVelocity.srv
```

　内容は以下の 4 行です。

```
float64 linear_velocity
float64 angular_velocity
---
bool success
```

「---」の上が「入力」（関数の引数）で、下が「出力」（返り値）です。

「float64 型」の「linear_velocity」「angular_velocity」、2つの「引数」を受け取り、「bool 型」の値を返す「Service」の定義をしています。

*

次に、「ros_start」の直下にある「package.xml」を編集します。

```
$ roscd ros_start
$ gedit package.xml
```

35行目と**39行目**が「コメントアウト」されているので、これを有効にします。

具体的には、以下のようになっている部分を、

```
<!-- <build_depend>message_generation</build_depend> -->
<!-- Use buildtool_depend for build tool packages: -->
<!--    <buildtool_depend>catkin</buildtool_depend> -->
<!-- Use run_depend for packages you need at runtime: -->
<!-- <run_depend>message_runtime</run_depend> -->
```

以下のようにします。

```
<build_depend>message_generation</build_depend>
<!-- Use buildtool_depend for build tool packages: -->
<!--    <buildtool_depend>catkin</buildtool_depend> -->
<!-- Use run_depend for packages you need at runtime: -->
<run_depend>message_runtime</run_depend>
```

次に、「CMakeLists.txt」の**7行目**からの、

```
find_package(catkin REQUIRED COMPONENTS
  roscpp
  rospy
  std_msgs
)
```

となっている部分を、

```
find_package(catkin REQUIRED COMPONENTS
  roscpp
```

```
  rospy
  std_msgs
  message_generation
)
```

とします。「message_generation」を付け加えました。

さらに、**53行目**からの、

```
## Generate services in the 'srv' folder
# add_service_files(
#   FILES
#   Service1.srv
#   Service2.srv
# )
```

という部分を、

```
## Generate services in the 'srv' folder
add_service_files(
  FILES
  SetVelocity.srv
)
```

とします。

さらに**67行目**からの、

```
## Generate added messages and services with any dependencies
listed here
# generate_messages(
#   DEPENDENCIES
#   std_msgs
# )
```

という部分を、

```
## Generate added messages and services with any dependencies
listed here
generate_messages(
  DEPENDENCIES
  std_msgs
)
```

とします。これで「std_msgs」に依存したメッセージを生成できます。

すると「rossrv」というコマンドですでに参照できるようになっています。

```
$ rossrv show ros_start/SetVelocity
```

先ほどの定義が表示されます。

```
float64 linear_velocity
float64 angular_velocity
---
bool success
```

もし、エラーが出て表示されないようなら、

```
$ roscd ros_start
$ ls srv
```

して、

```
SetVelocity.srv
```

が存在するかどうか確かめましょう。ファイルを保存する場所が重要です。
次に、これをプログラムから使うには、

```
$ cd ~/catkin_ws
$ catkin_make
```

とする必要があります。

これによって、「srv ファイル」がコンパイルされ、「C++」や「Python」用のライブラリが作られ、プログラムから利用可能になります。

もしエラーが出た場合は、「CMakeLists.txt」が正しいか確認しましょう。

■「SetVelocity.srv」を使った「ServiceServer」を書く

では、定義した「srv」を使う「ServiceServer」を書きましょう。
「ros_start/scripts/velocity_server.py」としましょう。
「gedit」ならば、以下のようにします。

```
$ roscd ros_start/scripts
$ gedit velocity_server.py
```

```
#!/usr/bin/env python
import rospy
from geometry_msgs.msg import Twist
from ros_start.srv import SetVelocity
from ros_start.srv import SetVelocityResponse

MAX_LINEAR_VELOCITY = 1.0
MIN_LINEAR_VELOCITY = -1.0
MAX_ANGULAR_VELOCITY = 2.0
MIN_ANGULAR_VELOCITY = -2.0

def velocity_handler(req):
    vel = Twist()
    is_set_success = True
    if req.linear_velocity <= MAX_LINEAR_VELOCITY and (
            req.linear_velocity >= MIN_LINEAR_VELOCITY):
        vel.linear.x = req.linear_velocity
    else:
        is_set_success = False
    if req.angular_velocity <= MAX_ANGULAR_VELOCITY and (
            req.angular_velocity >= MIN_ANGULAR_VELOCITY):
        vel.angular.z = req.angular_velocity
    else:
        is_set_success = False
    if is_set_success:
        pub.publish(vel)
    return SetVelocityResponse(success=is_set_success)

if __name__ == '__main__':
    rospy.init_node('velocity_server')
    pub = rospy.Publisher('/mobile_base/commands/velocity',
Twist, queue_size=10)
    service_server = rospy.Service('set_velocity', SetVeloci
ty, velocity_handler)
    rospy.spin()
```

*

では、**全行解説**します。

```
#!/usr/bin/env python
import rospy
from geometry_msgs.msg import Twist
```

ここまでは、前に書いた「速度制御用」の「プログラム」と同じですね。

```
from ros_start.srv import SetVelocity
from ros_start.srv import SetVelocityResponse
```

「ros_start」パッケージに定義した「srv」である「SetVelocity」と、その「返り値」である「SetVelocityResponse」を「import」しています。

```
MAX_LINEAR_VELOCITY = 1.0
MIN_LINEAR_VELOCITY = -1.0
MAX_ANGULAR_VELOCITY = 2.0
MIN_ANGULAR_VELOCITY = -2.0
```

「最大」「最小」の「速度」を「定数」として定義しました。

```
def velocity_handler(req):
```

「Service」が呼ばれたときに実行される関数です。
「req」には「SetVelocityRequest」クラスのインスタンスが入ります。

```
    vel = Twist()
```

発行用の「速度インスタンス」を作りました。

```
    is_set_success = True
```

「返り値」として渡すための「成否フラグ変数」です。
「True」で初期化して、「失敗」したら「False」を代入します。

```
    if req.linear_velocity <= MAX_LINEAR_VELOCITY and (
            req.linear_velocity >= MIN_LINEAR_VELOCITY):
        vel.linear.x = req.linear_velocity
    else:
        is_set_success = False
    if req.angular_velocity <= MAX_ANGULAR_VELOCITY and (
            req.angular_velocity >= MIN_ANGULAR_VELOCITY):
        vel.angular.z = req.angular_velocity
    else:
        is_set_success = False
```

「入力の速度」(「req.linear_velocity」と「req.angular_velocity」)をチェックして、「定義した速度」の「範囲内」なら「vel」に代入しています。「範囲外」なら「is_set_success」を「False」にします。

```
    if is_set_success:
        pub.publish(vel)
```

「is_set_success」フラグが「True」のときに「速度」を発行しています。

```
    return SetVelocityResponse(success=is_set_success)
```

「Service」では、「(srv名)+(Response型)」の「インスタンス」を「返り値」として返す必要があります。

「is_set_success」をセットした「インスタンス」を返しています。

```
if __name__ == '__main__':
```

ここから「メイン・プログラム」です。

```
    rospy.init_node('velocity_server')
```

「ノード」を初期化し、

```
    pub = rospy.Publisher('/mobile_base/commands/velocity',
Twist, queue_size=10)
```

「速度発行用」の「Publisher」を作成。

```
    service_server = rospy.Service('set_velocity', SetVeloci
ty, velocity_handler)
```

「ServiceServer」を作っています。

「名前」を「set_velocity」とし、「型」は「SetVelocity」、「呼ばれる処理」は「velocity_handler」関数としています。

```
    rospy.spin()
```

「Service」が呼ばれるのを待ちます。

*

以上です。

■「SetVelocity.srv」を使った「ServiceClient」を書く

「呼び出す側」も書いてみましょう。
「scripts/velocity_client.py」としてください。

```python
#!/usr/bin/env python
import rospy
from geometry_msgs.msg import Twist
from ros_start.srv import SetVelocity
import sys

if __name__ == '__main__':
    rospy.init_node('velocity_client')
    set_velocity = rospy.ServiceProxy('set_velocity', SetVelocity)
    linear_vel = float(sys.argv[1])
    angular_vel = float(sys.argv[2])
    response = set_velocity(linear_vel, angular_vel)
    if response.success:
        rospy.loginfo('set [%f, %f] success' % (linear_vel, angular_vel))
    else:
        rospy.logerr('set [%f, %f] failed' % (linear_vel, angular_vel))
```

*

こちらも**全行解説**します。

```python
#!/usr/bin/env python
import rospy
from ros_start.srv import SetVelocity
```

ここまでは先ほどと同じですね。

```python
import sys
```

「プログラム実行時」に「引数」を使いたいので、「sys」を「import」します。

```python
if __name__ == '__main__':
    rospy.init_node('velocity_client')
```

ここまではお決まりの「メイン・プログラム」です。

```python
    set_velocity = rospy.ServiceProxy('set_velocity', SetVelocity)
```

「Service」を呼び出す「ServiceProxy」です。

「名前」が「set_velocity」で、「型」が「SetVelocity」です。

```
    linear_vel = float(sys.argv[1])
    angular_vel = float(sys.argv[2])
```

「引数」を「float 型」に変換して、「速度変数」に保存します。

```
    response = set_velocity(linear_vel, angular_vel)
```

「Service」を実際に呼び出しているところです。
「response」には「SetVelocityResponse 型」の「インスタンス」が帰って
きます。

```
if response.success:
        rospy.loginfo('set [%f, %f] success' % (linear_vel, angular_vel))
    else:
        rospy.logerr('set [%f, %f] failed' % (linear_vel, angular_vel))
```

「response.success」の値によって、「メッセージ」を変化させています。
「呼び出し側」で「成否が分かる」のが「Topic」との大きな違いです。

■「Server」と「Clinet」とを実行

では、実行してみましょう。

*

まず、実行可能な状態にします。

```
$ roscd ros_start/scripts
$ chmod 755 velocity_server.py
$ chmod 755 velocity_client.py
```

「roscore」が上がっているかをまず確認します。
とりあえず「roscore」を立ち上げてみてください。
失敗したら、すでに立ち上がっているので、そのまま進めていいです。

```
$ rosrun ros_start velocity_server.py
```

もしも「エラー」が出るような場合は、(a)「CMakeLits.txt」の編集を
忘れていないか、(b)「catkin_make」は実行したか、などを確認しましょう。
新しい「ターミナル」を立ち上げて、先ほども使った「kobuki」の「シミュ

レータ」を上げましょう。

```
$ roslaunch kobuki_gazebo kobuki_playground.launch
```

次に、また新しい「ターミナル」を立ち上げて、「client」を上げましょう。
まずは大きすぎる「速度」をセットしてみましょう。

```
$ rosrun ros_start velocity_client.py 2.0 3.0
```

「client 側」に、以下のように表示されたでしょうか。

```
[ERROR] [WallTime: 1429974631.644562] [0.000000] set
[2.000000, 3.000000] failed
```

失敗したことが分かります。
ちゃんと範囲内の速度を与えると、成功します。

```
$ rosrun ros_start velocity_client.py 0.5 0.0
[INFO] [WallTime: 1429974693.966526] [0.000000] set [0.500000,
0.000000] success
```

■ もう一度「rosservice」を使う

では、この状態ですでに紹介した「rosservice」を使ってみましょう。

```
$ rosservice list
```

としてみてください。
　現在動いている「ServiceServer」の一覧が見れます。
　「/set_velocity」というものが見つかりましたか？
　では、こんどは「Service」を呼び出しましょう。

```
$ rosservice call /set_velocity 1.0 0.0
```

```
success: True
```

と表示されたでしょうか。
　「rosservice」を使えば「ServiceClient」がなくても直接「Service」を呼び
出すことができます。
　次は「info」コマンドです。

```
rosservice info /set_velocity
```

以下のように、「型」や「引数」に関する情報が見れます。

```
Node: /velocity_server
URI: rosrpc://localhost:49599
Type: ros_start/SetVelocity
Args: linear_velocity angular_velocity
```

「rosservice」をクライアントの代わりに使ってデバッグできます。利用してみましょう。

10.3 「Service」のまとめ

今回の例のように成否が分かりたい指令には「Service」を使ってみるのもいいでしょう。

ただ、「Service」は後に出てくる「rosbag」で記録が取れなかったり、「rviz」での可視化ができなかったりなど、「ROS」のメリットを失う可能性があります。そのため、最初はなるべく「Topic」を使うようにしたほうがいいと思います。

「ROSに慣れてきて、Topicが不便に感じたらServiceを検討する」といった感じでいいと思います。

第11章

「Actionlib」で、時間のかかる処理を実行する

これまで紹介したように、「ROS」の「API」は、以下の２つのタイプがあります。
・「Topic」の「Pub/Sub」による、相手を仮定しない「データフロー」
・「Service」による「同期通信」
ここで物足りないのが、「長時間かかる処理だが、結果はちゃんと知りたい」といった場面での API です。

　たとえば、「自律移動の指令を送り、移動が終わったときに結果が失敗したか成功したかを即座に知りたい」というような状況です。

　「Service」を使えば処理が終わるまで待つことができます。しかし、その間、呼び出し側のプログラムはブロックして、停止してしまいます。

　一方で、「Topic」を使った「Pub/Sub」では、結果を知ることができず、結果を返す、別「Topic」を用意する必要があります。

＊

　「actionlib」はこれを解決する「非同期通信」を提供します。

　実は、(a)「単に指令を発行する Topic」と (b)「結果を返す Topic」を準備して、それらを簡単につなぐ「皮」を被せただけです。

　ただし、「どの指令に対応する結果なのかを返」したり、「実行中のフィードバックを返」したりなど、欲しくなる機能が簡単に使えるので、自分でそのような仕組みを作るよりはこれを使ったほうがいいです。

11.1　「Action Server」を作る

「actionlib」にも「Service」のように「Server」と「Client」があります。

まず以前作った「kobuki」のプログラムを改造して、「ロボットの前部に取り付けられたバンパー・センサがぶつかるまで前進する」という「Action Server」を作ってみましょう。

■「Action Message」を定義する

「actionlib」を使うには、「Action Message」を定義する必要があります。これは「Topic」や「Service」の定義に似ています。

「Service」では「---」で「引数」「返り値」の2つのゾーンに分けて定義しました。

「action」では3つのゾーンに分かれており、上から、「Goal」「Result」「Feedback」となっています。

「Goal」は「引数」のようなもので、「目的値」を表わします。**「Result」**はその「成否」を主に返し、**「Feedback」**は「途中経過」として返したい情報を、自由に発行します。

*

[1]　まず「Action Message」定義を保存する「ディレクトリ」を作ります。

　　パッケージ直下に「action」という名前の「ディレクトリ」を作ります。

```
$ roscd ros_start
$ mkdir action
```

[2]　以下の内容を、「~/catkin_ws/src/ros_start/action/GoUntilBumper.action」として保存します。

```
geometry_msgs/Twist target_vel
int32 timeout_sec
---
bool bumper_hit
---
geometry_msgs/Twist current_vel
```

[3]　「.action ファイル」を使うには、「catkin_make」コマンドでビルドする
必要があります。

　「ros_start/CMakeLists.txt」の最初の「find_pacakge」に、「geometry_
msgs」と「actionlib_msgs」を足しましょう。

```
find_package(catkin REQUIRED COMPONENTS
  roscpp
  rospy
  std_msgs
  message_generation
  actionlib_msgs
  geometry_msgs
)
```

[4]　**60 行目**あたりに、以下のようなところを探してください。

```
## Generate actions in the 'action' folder
# add_action_files(
#   FILES
#   Action1.action
#   Action2.action
# )
```

　これを、以下のように書き換えます。

```
## Generate actions in the 'action' folder
add_action_files(
  FILES
  GoUntilBumper.action
)
```

[5]　そのすぐ下にある、以下の部分、

```
generate_messages(
  DEPENDENCIES
  std_msgs
)
```

を、次のように書き換えます。

```
generate_messages(
  DEPENDENCIES
  std_msgs
  geometry_msgs
  actionlib_msgs
)
```

[6] ここまで出来たら、「catkin_make」でビルドします。

```
$ cd ~/catkin_ws
$ catkin_make
```

「devel/share/ros_start/msg/」以下に、次のように「msg ファイル」がたくさん出来ていれば、成功です。

```
$ ls devel/share/ros_start/msg/
GoUntilBumperAction.msg           GoUntilBumperFeedback.msg
GoUntilBumperActionFeedback.msg   GoUntilBumperGoal.msg
GoUntilBumperActionGoal.msg       GoUntilBumperResult.msg
GoUntilBumperActionResult.msg
```

■ 「bumper_action.py」を作る

それでは準備が出来たので、「Action Server」を使ったプログラムを書きましょう。

「ros_start/scripts/bumper_action.py」として保存してください。

```
#!/usr/bin/env python
import rospy
from geometry_msgs.msg import Twist
from kobuki_msgs.msg import BumperEvent
import actionlib
from ros_start.msg import GoUntilBumperAction
from ros_start.msg import GoUntilBumperResult
from ros_start.msg import GoUntilBumperFeedback

class BumperAction(object):
    def __init__(self):
```

```
        self._pub = rospy.Publisher('/mobile_base/commands/ve
locity', Twist,
                                queue_size=10)
        self._sub = rospy.Subscriber('/mobile_base/events/bumper',
                                BumperEvent, self.bump
er_callback, queue_size=1)
        self._max_vel = rospy.get_param('~max_vel', 0.5)
        self._action_server = actionlib.SimpleActionServer(
            'bumper_action', GoUntilBumperAction,
            execute_cb=self.go_until_bumper, auto_start=False)
        self._hit_bumper = False
        self._action_server.start()

    def bumper_callback(self, bumper):
        self._hit_bumper = True

    def go_until_bumper(self, goal):
        print(goal.target_vel)
        r = rospy.Rate(10.0)
        zero_vel = Twist()
        for i in range(10 * goal.timeout_sec):
            if self._action_server.is_preempt_requested():
                self._action_server.set_preempted()
                break
            if self._hit_bumper:
                self._pub.publish(zero_vel)
                break
            else:
                if goal.target_vel.linear.x > self._max_vel:
                    goal.target_vel.linear.x = self._max_vel
                self._pub.publish(goal.target_vel)
                feedback = GoUntilBumperFeedback(current_vel=
goal.target_vel)
                self._action_server.publish_feedback(feedback)
            r.sleep()
        result = GoUntilBumperResult(bumper_hit=self._hit_bumper)
        self._action_server.set_succeeded(result)


if __name__ == '__main__':
    rospy.init_node('bumper_action')
    bumper_action = BumperAction()
    rospy.spin()
```

■「bumper_action.py」の全行解説

では、いつも通り、すべての行について解説します。

＊

```
#!/usr/bin/env python
import rospy
from geometry_msgs.msg import Twist
from kobuki_msgs.msg import BumperEvent
```

ここまでは解説不要でしょう。必要なメッセージを「import」します。

```
import actionlib
```

「actionlib」を使うために「actionlib」というモジュールを「import」します。

```
from ros_start.msg import GoUntilBumperAction
from ros_start.msg import GoUntilBumperResult
from ros_start.msg import GoUntilBumperFeedback
```

先ほど定義した「Action Message」を「import」しています。

「GoUntilBumper.action」ファイルから、「GoUntilBumperAction」クラス、「GoUntilBumperResult」クラス、「GoUntilBumperFeedback」クラス、が生成されており、それらを「import」します。

それぞれ、以下のようなクラスです。

・GoUntilBumperAction:「Action」を定義しているクラス。「Spec」と呼ばれます。
・GoUntilBumperReulst:「Action」の「実行結果を返す」ために使うクラス。
・GoUntilBumperFeedback:「Action」の「途中経過を返す」ために使うクラス。

```
class BumperAction(object):
```

今回は少しプログラムが複雑になるので、「Python」のクラスを使います。

```
    def __init__(self):
        self._pub = rospy.Publisher('/mobile_base/commands/ve
locity', Twist,
                                    queue_size=10)
        self._sub = rospy.Subscriber('/mobile_base/events/bumper',
                                BumperEvent, self.bump
er_callback, queue_size=1)
```

「ロボット」を動かすために必要な「Publisher」と「Subscriber」を作っています。
以前作ったものと同じです。

```
    self._max_vel = rospy.get_param('~max_vel', 0.5)
```

パラメータから「最大速度」を取得します。デフォルトで「0.5[m/s]」としました。

```
        self._action_server = actionlib.SimpleActionServer(
            'bumper_action', GoUntilBumperAction,
            execute_cb=self.go_until_bumper, auto_start=False)
```

もっとも重要な行で、「Action」のサーバを作っています。
「Topic名」のように「Action名」を「bumper_action」としています。
「型」は「GoUntilBumperAction」、実際の動作は、「self.go_until_bump
er」で定義しています。
自動で動かすフラグである「auto_start」は「False」にしておきましょう。

```
        self._hit_bumper = False
```

「バンパー」が当たったかどうかの判定を保存する変数、「self._hit_bump
er」を、「False」で初期化しておきます。

```
        self._action_server.start()
```

準備が出来たら、「server」を「start」させます。

```
def bumper_callback(self, bumper):
    self._hit_bumper = True
```

「バンパー」が当たったときの処理です。
「Subscriber」によって呼ばれ、「hit_bumper」フラグを「True」にします。

```
def go_until_bumper(self, goal):
```

この関数が、「Action Server」の実体となります。

```
    print(goal.target_vel)
```

「デバッグ」用に、とりあえず「目標速度」を「print」しておきます。

```
    r = rospy.Rate(10.0)
```

「周期実行」用の「r」を「10Hz」で作り、

```
    zero_vel = Twist()
```

停止時に使う速度を、あらかじめ作っておきました。

```
    for i in range(10 * goal.timeout_sec):
```

「10Hz」なので、ループを10回回すと「1秒」になります。
「goal」で与えられた秒だけ最大でループするように、「for」と「range」を使って、繰り返します。

```
        if self._action_server.is_preempt_requested():
            self._action_server.set_preempted()
            break
```

「Action」は実行に時間がかかるので、「実行開始」後に「外部」から停止させることができます。

「停止指令」がきているかどうかを「is_preempt_requested()」で調べ、「停止処理」を実行し、「set_preempted()」を呼び出します。

今回は「ループ」を抜ける、「break」を実行します。

```
if self._hit_bumper:
    self._pub.publish(zero_vel)
    break
```

「バンパー」がぶつかると「Subscriber」の「callback」によって「_hit_bumper」が「True」になります。

そのときに、「停止速度」を発行し、「ループ」を抜けています。

```
else:
    if goal.target_vel.linear.x > self._max_vel:
        goal.target_vel.linear.x = self._max_vel
    self._pub.publish(goal.target_vel)
```

「停止処理」がない場合には、「目標の速度」で「ロボット」を動かします。ただし、安全のため、「最大速度」よりも小さくなるようにしています。

```
feedback = GoUntilBumperFeedback(current_vel=
goal.target_vel)
        self._action_server.publish_feedback(feedback)
```

実行中には現在の速度を「Feedback」として返しています。

「publish_feedback()」に「GoUntilBumperFeedback」クラスの「インスタンス」を渡します。

```
r.sleep()
```

「10[Hz]」で「周期実行」するための「sleep」です。

```
result = GoUntilBumperResult(bumper_hit=self._hit_bumper)
self._action_server.set_succeeded(result)
```

「ループ」を抜けたら、「GoUntilBumperResult」クラスの「インスタンス」に「bumper_hit」の結果を入れて、「set_succeeded()」を呼び出しています。

```
if __name__ == '__main__':
    rospy.init_node('bumper_action')
    bumper_action = BumperAction()
    rospy.spin()
```

ここは、いつもどおり「メイン・プログラム」です。

「init_node」したあとに、定義した「BumperAction」クラスのインスタンスを作り、「spin()」で「アクション」が呼ばれるのを待ちます。

11.2 「Action Server」の実行

まず、前章から引き続きやっている場合には、すでに立ち上がっているプログラムをすべて終了させてください。

実行は、いつも通り、

```
$ cd ~/catkin_ws/src/ros_start/scripts
$ chmod 755 bumper_action.py
```

とした後、「rosrun」でやります。

もちろん、「roscore」は必要です。

```
$ roscore
```

```
$ rosrun ros_start bumper_action.py
```

何も起きたように見えませんが、「rostopic list」で確認してみましょう。

以下のように「/bumper_action/」以下に5つの「Topic」が見えていれば、ちゃんと動いています。

```
$ rostopic list
/bumper_action/cancel
/bumper_action/feedback
/bumper_action/goal
/bumper_action/result
/bumper_action/status
/rosout
/rosout_agg
```

しかし、これだけでは何も起きません。

「Action Client」が必要なのです。

ですが、「actoinlib」のツールを使って試すことができるので、いったん
やってみましょう。

まずは、いつものシミュレータを立ち上げます。

```
$ roslaunch kobuki_gazebo kobuki_playground.launch
```

そして「axclient」を立ち上げます。

```
$ rosrun actionlib axclient.py /bumper_action
```

以下のような画面になったでしょうか。

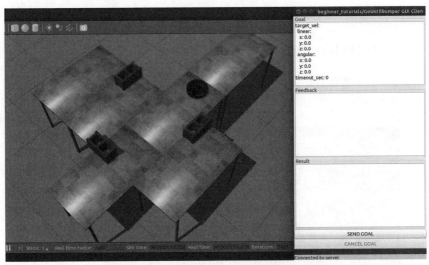

図30 「kobuki シミュレータ」と「axclient」

そうしたら、「axclient」の「Goal」のところを、以下の図を参考に、
「target_vel.linear.x」に「0.8」をセットし、「timeout_sec」に「10」をセット
して、「SEND GOAL」ボタンを押してください。

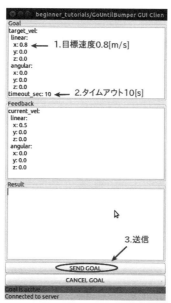

図31 「axclient」で「ゴール」をセット (img/axclient_set.png)

ロボットが動き出し、ブロックにバンパーが当たると、同時にストップした
でしょうか。

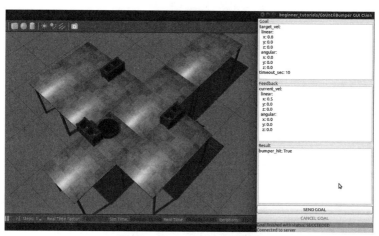

図32 「axclient」実行結果

「Feedback」の欄の「current_vel.linear.x」が「0.5」になり、「Result」
の「bumper_hit」が「True」になっています。

11.3 「Action Client」の作成

では「axclient」で楽をしてしまいましたが、「呼び出し側」のプログラム
を書いてみましょう。

「ros_start/scripts/bumper_client.py」として保存してください。

```python
#!/usr/bin/env python
import rospy

import actionlib
from ros_start.msg import GoUntilBumperAction
from ros_start.msg import GoUntilBumperGoal

def go_until_bumper():
    action_client = actionlib.SimpleActionClient('bumper_acti
on', GoUntilBumperAction)
    action_client.wait_for_server()
    goal = GoUntilBumperGoal()
    goal.target_vel.linear.x = 0.8
    goal.timeout_sec = 10

    action_client.send_goal(goal)
    action_client.wait_for_result()
    result = action_client.get_result()
    if result.bumper_hit:
        rospy.loginfo('bumper hit!!')
    else:
        rospy.loginfo('failed')

if __name__ == '__main__':
    try:
        rospy.init_node('bumper_client')
        go_until_bumper()
    except rospy.ROSInterruptException:
        pass
```

■「bumper_client.py」の全行解説

では、すべての行を解説します。

＊

```
#!/usr/bin/env python
import rospy

import actionlib
from ros_start.msg import GoUntilBumperAction
```

ここまでは「Server 側」と同じです。

```
from ros_start.msg import GoUntilBumperGoal
```

「Server」では使わなかった「GoUntilBumperGoal」クラスを「import」
します。

```
def go_until_bumper():
```

クライアントはシンプルなので、関数にします。

```
    action_client = actionlib.SimpleActionClient('bumper_acti
on', GoUntilBumperAction)
```

これで「bumper_action」という「名前」で「GoUntilBumperAction 型」
の「Action」の「Client」（呼び出し側）を作っています。
「action_client」という「変数」に保存しました。

```
    action_client.wait_for_server()
```

「wait_for_server()」でサーバ側が準備できるまで待ちます。
「Action」は「Topic」の仕組みを使うので、これをしないと相手がいようが
いまいが、仕事をしたつもりで終了してしまいます。必ずするべきです。

```
    goal = GoUntilBumperGoal()
    goal.target_vel.linear.x = 0.8
    goal.timeout_sec = 10
```

「GoUntilBumperGoal」の「インスタンス」に値をセットしています。
先ほど「axclient」で与えたものと同じものを与えています。

```
action_client.send_goal(goal)
```

これでゴールを送信します。
実は、「bumper_action/goal」という「Topic」に「publish」しているだけ
です。
なので、「Action Client」を使わなくても目標の送信だけなら「Publisher」
があればできます。
結果の受け取りなどを考えたら、「Action Client」のほうが楽ですが。

```
action_client.wait_for_result()
```

というわけで、結果を待ちます。
結果には、「送信したどの Goal に対応するか」という情報が含まれており、
1つの「Action Server」に対して複数人が同時に「Goal」を投げても、混同
されない仕組みになっています。

```
result = action_client.get_result()
```

「GoUntilBumperResult」クラスの「インスタンス」が「get_result()」
でもらえます。

```
if result.bumper_hit:
    rospy.loginfo('bumper hit!!')
else:
    rospy.loginfo('failed')
```

結果に応じて表示内容を変えました。
先ほど説明したように「result」は「GoUntilBumperResult」クラスの「イ
ンスタンス」なので、「Bool型」の「bumper_hit」というメンバがあります。

```
if __name__ == '__main__':
    try:
        rospy.init_node('bumper_client')
```

```
        go_until_bumper()
    except rospy.ROSInterruptException:
        pass
```

「メイン・プログラム」です。

「Ctrl-C」で正常終了できるように「try/except」で「rospy.ROSInterruptException」をキャッチするようにしました。

11.4 「Action Client」の実行

一度すべてのプログラムを停止してから、シミュレータを上げ直し、

```
$ roslaunch kobuki_gazebo kobuki_playground.launch
```

「Action Server」を上げて、

```
$ rosrun ros_start bumper_action.py
```

いつものように「chmod」してから、「rosrun」してください。

```
$ roscd ros_start/scripts
$ chmod 755 bumper_client.py
```

```
$ rosrun ros_start bumper_client.py
```

ロボットの移動が完了した瞬間に、以下のように client 側に表示されたでしょうか。

```
[INFO] [WallTime: 1428761038.810305] [9.450000] bumper hit!!
```

これで「Action」を使って、時間のかかる処理を利用できるようになりました。

「action」は「ROS」の標準的なライブラリでよく使われているので、覚えておきましょう。

第12章

「Python」の「ライブラリ」を作る

これまで「Python」の「ROS ノード」をいくつか作ってきました。
ここでは、それらを「Python」の「ライブラリ」として使えるように
します。また、今作った「Actionlib」を使った、「バンパーが当たる
まで前進する」機能も「ライブラリ化」してみます。

12.1 「ライブラリ」を置くための準備

■「ライブラリ・ファイル」の配置

「ROS」では「Python」の「ライブラリ」を、「パッケージ名/src/パッケージ
名/」に置きます。

今使っている「ros_start」に「ライブラリ」を作る場合、「~/catkin_ws/
src/ros_start/src/ros_start/」にファイルを配置します。

「src/ros_start/」が2回出てきますが、間違いではありません。

先ほど作った「~/catkin_ws/src/ros_start/scripts/bumper_action.py」
を、ここにコピーしましょう。

```
$ cd ~/catkin_ws/src/ros_start/
$ mkdir -p src/ros_start
$ cp scripts/bumper_action.py src/ros_start/
```

また、この「ディレクトリ」を「ライブラリ」として認識させるために、
「__init__.py」を配置します。中身は「空っぽ」でいいです。

「空っぽ」のファイルを作るには「touch」というコマンドを使います。

エディタで「空っぽ」のファイルを作成してもいいです。

```
$ touch src/ros_start/__init__.py
```

■「setup.py」の作成

次に、「ROS」の「パッケージ・システム」で、このライブラリを認識させるための設定をします。

「~/catkin_ws/src/ros_start/setup.py」を、以下の内容で作ってください。

```
from distutils.core import setup
from catkin_pkg.python_setup import generate_distutils_setup

setup_args = generate_distutils_setup(
    packages=['ros_start'],
    package_dir={'': 'src'},
)

setup(**setup_args)
```

■「CMakeLists.txt」の更新

次に、「~/catkin_ws/src/ros_start/CMakeLists.txt」から **23行目**あたりにある、以下のような行を探して、最初の「#」を削除してください。

```
## Uncomment this if the package has a setup.py. This macro ensures
## modules and global scripts declared therein get installed
## See http://ros.org/doc/api/catkin/html/user_guide/setup_dot_py.html
# catkin_python_setup()
```

次のような状態になります。

```
## Uncomment this if the package has a setup.py. This macro ensures
## modules and global scripts declared therein get installed
## See http://ros.org/doc/api/catkin/html/user_guide/setup_dot_py.html
catkin_python_setup()
```

「CMakeLists.txt」において「#」で始まる行は「コメント」なので、この編集によって、無効化されていた「catkin_python_setup()」を有効にしたことになります。

そうしたら「catkin_make」しましょう。
「catkin_make」コマンドは常に「~/catkin_ws」で実行します。

```
$ cd ~/catkin_ws
$ catkin_make
```

これで準備が出来ました。

12.2　　　　「ライブラリ」を使う

　以下のファイルを、「'~/catkin_ws/src/ros_start/scripts/bumper_action_use_lib.py」として保存してください。

```
#!/usr/bin/env python
import rospy
from ros_start.bumper_action import BumperAction

if __name__ == '__main__':
    rospy.init_node('bumper_action_use_lib')
    bumper_action = BumperAction()
    rospy.spin()
```

　実行できるようにします。

```
$ roscd ros_start
$ chmod 755 scripts/bumper_action_use_lib.py
```

＊

　3行目だけ解説しておきます。

```
from ros_start.bumper_action import BumperAction
```

　「ros_start」パッケージの、「bumper_action.py」に定義された「Bumper Action」クラスを「import」しています。

　このように、「ライブラリ」として「Python」ファイルが読み込まれたときは、「if __name__ == '__main__':」の部分が実行されないので、これまで「実行ファイル」として使っていた「bumper_action.py」がそのまま「ライブラリ」として使えました。

　このように機能を「ライブラリ化」しておけば、「ノード」をシンプルに書けますし、他の「パッケージ」から参照することもできるようになります。

　こんどは「bumper_client.py」をライブラリにしてみましょう。

```
$ roscd ros_start
$ cp scripts/bumper_client.py src/ros_start/
```

　これを使って、「bumper_action」を実行するだけのプログラムを作りましょう。

　「bumper_client_use_lib.py」として保存します。

```
#!/usr/bin/env python
import rospy
from ros_start.bumper_client import go_until_bumper
rospy.init_node('bumper_client_use_lib')
go_until_bumper()
```

＊

3行目だけ解説します。

```
from ros_start.bumper_client import go_until_bumper
```

「ros_start」パッケージの「bumper_client.py」ファイルから「go_until_
bumper」関数を「import」しています。

「import」は「クラス」だけでなく「関数」もできます。

まず、実行できるようにして、

```
$ roscd ros_start
$ chmod 755 scripts/bumper_action_use_lib.py
$ chmod 755 scripts/bumper_client_use_lib.py
```

では実行してみましょう。
結果は、ライブラリを使わないものと同じです。

```
$ rosrun ros_start bumper_action_use_lib.py
```

```
$ rosrun ros_start bumper_client_use_lib.py
```

12.3 「actionlib」まとめ

以上で「actionlib」はおしまいです。

「ROS」では、「関節を動かすインターフェイス」や「自律移動のインター
フェイス」などに使われているので、使い方を覚えておくといいでしょう。

第3部

基本的なプログラム②

第13章

「ROS」の GUI

「ROS」は「開発環境」として非常に優秀です。
とくにコマンドラインからいろいろ操作したい Linux に慣れたユーザーには最高のロボット開発環境です。
一方で、ロボットのデバッグには、「可視化」が非常に重要です。ここではロボットのデータの「可視化ツール」として、
・rviz
・rqt
の2つを紹介します。

13.1 rviz

■「rviz」の起動

「ROS の可視化」と言えば、「rviz」です。
「ロボット」の「センサ・データ」を「3D で可視化」します。
これだけでも「ROS」を使う価値があるほど魅力的なツールです。

「roscore」を立ち上げた状態で、以下のコマンドで起動します。

```
$ rosrun rviz rviz
```

「実機データ」で使いたいところですが、本書では「シミュレータ」と一緒に使ってみることにします。

■「Turtlebot」の「シミュレータ」で使う

「Kobuki」に「Kinect」を搭載したロボットである、「Turtlebot」のシミュレータで遊んでみましょう。

「第8章」でインストールした環境を利用します。

```
$ rospack find turtlebot_gazebo
```
としてみて、正常にシミュレーションが使える状態か確認しましょう。

```
[rospack] Error: package 'turtlebot_gazebo' not found
```
と、表示された場合は、第8章のインストールから見直してみてください。

では、「Turtlebot」の「シミュレータ」を立ち上げます。
```
$ roslaunch turtlebot_gazebo turtlebot_world.launch
```

これも「モデル」をダウンロードするので、最初はしばらく時間がかかりますが、じっと待ちましょう。

以下のような「Gazebo」の画面が立ち上がります。

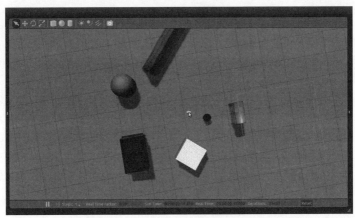

図33 「Turtlebot」シミュレーション

＊

では次に、「自律移動プログラム」を立ち上げます。

```
$ roslaunch turtlebot_gazebo amcl_demo.launch
```

「rviz」が上がっていなければ、「rviz」も上げます。

```
$ rosrun rviz rviz
```

　この状態だと、「地面のグリッド」しか表示されないので、「rviz」の左下の「Add」ボタンを押して、表示するものを増やしましょう。

　表示中のものは、左上の一覧に表示されます。

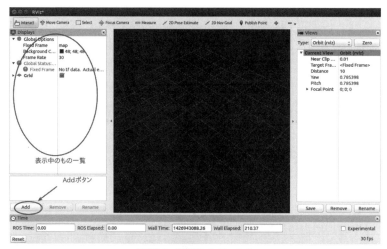

図 34　起動した「rviz」

　「Add」ボタンを押すと次のようなメニューが出てくるので、スクロールして、「RobotModel」を選択して、OK ボタンで決定してください。

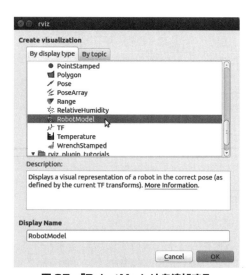

図 35　「RobotModel」を追加する

すると、「TurtleBot」のモデルが表示されたと思います。

「シミュレータ」と同じだと思うかもしれません。
　しかし、本来は「実機」と接続して使うものなので、「実機」に対応した「ロボット・モデル」がソフト上で確認できるのは、センサ情報を重ねていくにつれて、重要な意味をもつようになってきます。

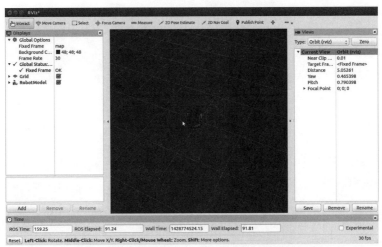

図36　「TurtleBot」の「RobotModel」が表示された

＊

　次に、ロボットが認識している（正確には事前に作った）「環境地図」を表示してみましょう。

　「Add」ボタンから、「メニュー」を表示して、こんどは「By Topic」タブを選択し、「Map」を探します。そして「OK」ボタンです。

図37 「rviz」に「map」を追加

　すると「ロボット・モデル」の下に「地図」が表示されます。

　この「地図」は予め作成されたもので、「ロボット」はこの地図上のこの位置にいると思っています。

　「Gazebo」の画面と比較すると、なんとなく合ってそうに見えるでしょうか。

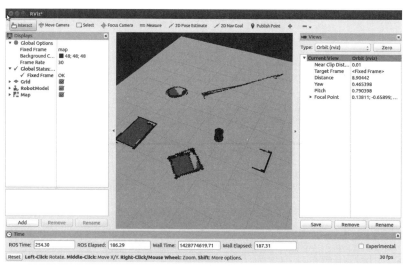

図38 「map」が追加された「rviz」

次に、「/camera/depth/points」を追加します。

「Turtlebot」に搭載された「Kinect」のセンサ値がシミュレートされています。

手順は同様です。

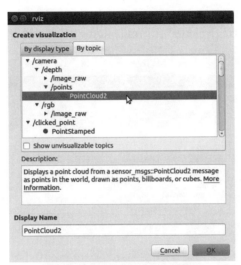

図39 「PointCloud」の追加

図40 「PointCloud」が追加された「rviz」

「Kinect」の「センサ情報」を「ロボットの現在位置」に重ねて表示できます。

*

次に、「ロボット」の「現在位置」を表わす「/odom」を追加します。

「odom」は「Odometry」の略で、これは「ロボット」の「現在位置」を示します。

「By Topic」から、「/odom」の「Odometry」を選択しましょう。

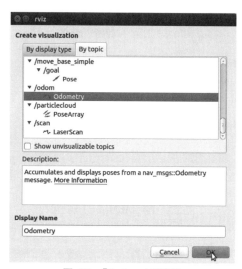

図41 「/odom」の追加

次に、「ロボット」が動こうと思っている「経路」の「/move_base/Navfn ROS/plan」を追加しましょう。

図42 「/move_base/NavfnROS/plan」の追加

　すると、以下のように、「赤い矢印」が「ロボット・モデル」に重ねて表示されたと思います。

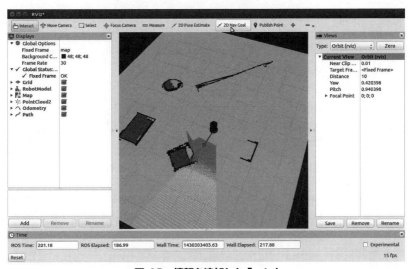

図43 情報を追加した「rviz」

　このように、「rviz」では、「Publish」されている「Topic」から「表示したいTopic」を選択すると、それが3次元的に表示されるという特徴があります。

「rostopic echo」などでは、「文字列」が流れるだけだった「Topic」も、「rviz」
で見れば、一目瞭然です。

＊

また、「rviz」では、「情報の可視化」(出力)だけでなく、「入力」も可能です。

「自律移動」の「ゴール」を、上部の「2D Nav Goal」というボタンを押
してから、「ロボット近くの地面」をドラッグしてください。

「緑の矢印」が表示されます。

「矢印の根本」が「ゴール位置」で、「矢印の向き」が「ゴール地点での
ロボットの向き」を表わします。

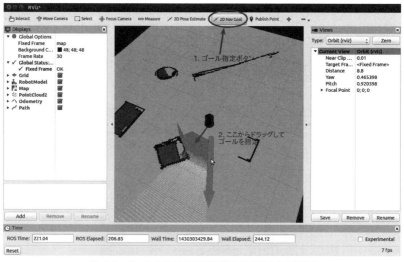

図44 「rviz」から「自律移動」の「指令」を発行

「ロボット」が移動を始めたでしょうか。「赤い矢印」(/odom)が履歴とし
て表示され、「緑の細い線」(/move_base/NavfnROS/plan)で「ロボットが
どこを移動しようとしているか」が表示されます。

図 45 「自律移動中」の様子

　このように、「rviz」は「2D」「3D」での「ロボット・センサ」や「ロボットの内部情報」の可視化が、簡単にできます。雰囲気だけでも感じてもらえたでしょうか。

13.2 rqt

　では一度すべてのプログラムを終了させて、「rqt」に移りましょう。

＊

　「rqt」は「Robot + Qt」です。
　「Qt」は「マルチ・プラットフォーム」に対応した「GUI」の「フレームワーク」です。
　また、「rqt」は、「Qt」を利用した「ロボット」の「GUIフレームワーク」です。
　本書ではすでに「rqt_graph」や「rqt_console」などを使いました。

　「rqt」は「Plugin方式」なので、自作した「Plugin」を組み込むこともできます。

■「rqt_ez_publisher」を使う

「rqt」でいちばん使ってほしいのが、「rqt_ez_publisher」です。

「ROS」通信の基本である「Topic」を、「スライダー」などを使って「Publish」できます。

しかも、任意の「型」に対して使えるので、「ROS」の「Topic」で動く、すべての「ロボット」の「スライダGUI」を、ほぼ自動で作ることができます。

しかも、作者が日本人なので、「要望リクエスト」や「バグ報告」が「日本語」で可能です。私が作者なので。

*

まずはインストールから。

```
$ sudo apt-get install ros-melodic-rqt-ez-publisher
```

次に、「サンプル」として、「turtlesim」を上げましょう。

```
$ roscore
```

```
$ rosrun turtlesim turtlesim_node
```

「rqt_ez_publisher」の起動は、「rosrun」を使って、以下のようにします。

```
$ rosrun rqt_ez_publisher rqt_ez_publisher
```

起動時は、以下のような画面です。

図46 「rqt_ez_publisher」起動時の画面

「コンボBox」の「右の矢印」をクリックすると、現在「Master」に登録されている「Topic」を選択できます。

今回は「/turtle1/cmd_vel」を「Publish」する「GUI」を作りたいので、これを選択します。

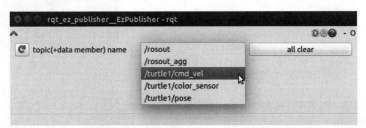

図47　「コンボ Box」で「Topic」を選択

すると、その「Topic」の「型」に合わせた「スライダー」が自動で生成されます。

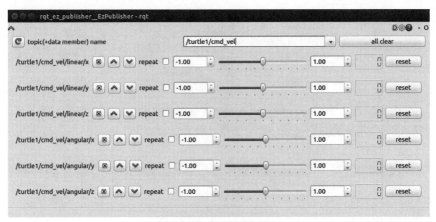

図48　生成された「GUI」

この「GUI」を使って、「turtlesim」上の「亀」を動かすことができます。「スライダ」を動かすたびに、「Message」が「Publish」されます。

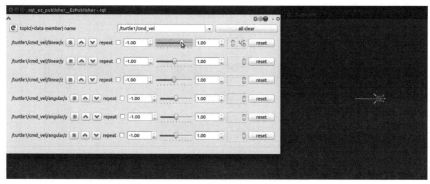

図49 生成された「GUI」

＊

「スライダ」の各「ボタン」は、以下のような意味があります。

図50 スライダの詳細

これらをいじって、自分のほしいGUIを作ります。余計なものを削って、「最大値」「最小値」をほしい数字に書き換えましょう。

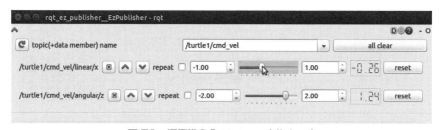

図51 編集後の「rqt_ez_publisher」

結果は保存されているので、次回の起動時には同じものを使うことができます。

■「rqt_plot」を使ってみる

では次に、「rqt_plot」を使ってみましょう。

「rqt_plot」は現在「Publish」されている「Topic」の値をグラフにすることができます。

「センサ値」を確認しながら「可視化」したいときに非常に便利です。

「rqt_plot」は「rosrun」を使わなくても、直接起動できます。

```
$ rqt_plot
```

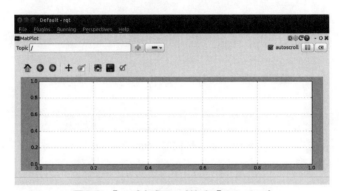

図52 「rqt」からロードした「rqt_plot」

「rqt_plot」では「Topic 名」とその中の「変数」をつないで書くことで、「Plot」したい要素を指定します。

「/turtle1/cmd_vel」Topic の「linear.x」を「Plot」したい場合は、(a)「GUI」の「Topic」の欄に「/turtle1/cmd_vel/linear/x」と書いて「+」ボタンを押すか、(b) 起動時に、

```
$ rqt_plot /turtle1/cmd_vel/linear/x
```

とします。

この状態で「/turtle1/cmd_vel」が発行されると、以下のように「グラフ」が「リアルタイム」で描かれます。

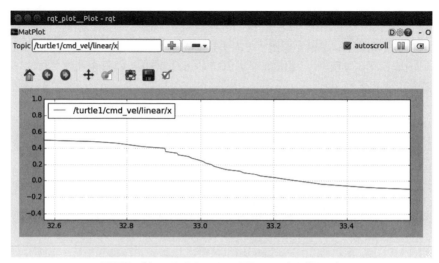

図53 「/turtle1/cmd_vel/liner/x」の「Plot」

■「素」の「rqt」を使う

また、「素」の「rqt」を使うと、複数の「rqt モジュール」を、同じ Window に収めることができます。

```
$ rqt
```

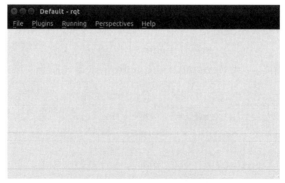

図54 「rqt」を立ち上げた状態

「rqt」は「フレームワーク」なので、立ち上げた状態では中身には何もありません。

「Plugin」という「メニュー」から、必要なものをロードして使います。

「Plugin メニュー」から「Visualization」の「Plot」を選択してみましょう。

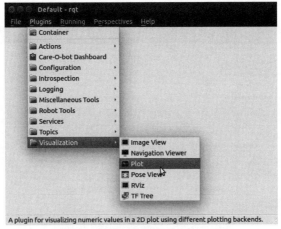

図55 「rqt」の「Plugin メニュー」

これで「rqt_plot」を組み込むことができました。

次に、「rqt_ez_publisher」も同時に入れましょう。
「Plugin メニュー」から「Topic」の「Easy Message Publisher」を選択
してみましょう。

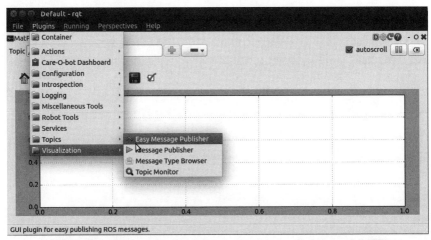

図56 「Plugin メニュー」から「Easy Message Publisher」を選択

　これで、「Topic」を「Publish」しつつ、その値を「グラフ」で確認する「GUI」が出来ました。

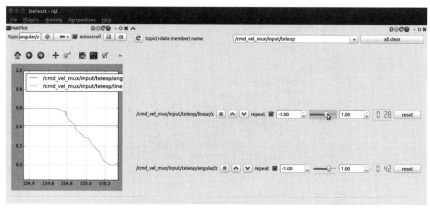

図57　「rqt」に「rqt_plot」と「rqt_ez_publisher」を配置

　「rqt」で自分の好きな「GUI」の組み合わせを作ってみましょう。

第14章

「ジョイスティック」でロボット操縦

「ロボット」を動かす際に、ゲーム用の「ジョイスティック」を使うことがよくあります。「自律ロボット」といえども常に「自動」で動くわけではなく、「手動」のラジコン操作が必要になる場面は多いです。

14.1 Playstation4用のコントローラーを使う

「ROS」で利用可能な「ジョイスティック」は、OS が認識していれば、なんでも使えます。

「Linux」で「ジョイスティック」が認識されているかどうかは、以下のようにして調べることができます。

```
$ ls -l /dev/input/js*
```

として、以下のように「/dev/input/js0」が表示されれば、使えます。

```
crw-rw-r--+ 1 root root 13, 0  4月  6 23:07 /dev/input/js0
```

*

逆に、以下のように表示されるようであれば、「正しく接続されていない」か、「Linux でサポートされていない」可能性があります。

```
ls: /dev/input/js* にアクセスできません: そのようなファイルやディレクトリはありません
```

*

私の手元にある「Playstation4」用のコントローラーは、USB の有線で接続したら、「Ubuntu14.04」では使えました。

もし「Playstation4」用のコントローラーを無線で接続したい場合は、「ds4drv」というソフトを使うといいでしょう。

以下のコマンドで、インストールできます。

```
$ sudo pip install ds4drv
```

135

以下のコマンドで起動すると、

```
$ sudo ds4drv
```

次のようなメッセージが表示されます。

```
[info][controller 1] Created devices /dev/input/js0 (joystick)
/dev/input/event17 (evdev)
[info][bluetooth] Scanning for devices
```

そうしたら、「コントローラー」の「Playstation」ボタンと、「SHARE」ボタンを同時に長押しします。

すると、コントローラーのLEDが素早く、"パパ、パパッ"と点滅します。

そのまましばらく待つと、以下のようなメッセージが表示され、接続されます。

```
[info][bluetooth] Found device 1C:66:6D:49:83:64
[info][controller 1] Connected to Bluetooth Controller (1C:66
:6D:49:83:64)
[info][bluetooth] Scanning for devices
[info][controller 1] Battery: Fully charged
[warning][controller 1] Signal strength is low (34 reports/s)
```

この状態になると、「/dev/input/js0」が見えると思います。

確認してみてください。

14.2 「joy_node」の実行

では、「ROS」の「Joystick ドライバ」を実行してみましょう。

```
$ rosrun joy joy_node
```

もし、「/dev/input/js0」以外のもの、たとえば「/dev/input/js1」を使いたい場合は、以下のようにします。

```
$ rosrun joy joy_node _dev:=/dev/input/js1
```

この「Node」は「sensor_msgs/Joy」型の「/joy」Topic を発行します。

(a)「rostopic list」して、「/joy」があること、(b)「rostopic echo /joy」して、

コントローラーのボタンに応じてメッセージが変化すること――を確認してください。

　以下のようなデータが表示されると思います。

```
header:
  seq: 313
  stamp:
    secs: 1428330580
    nsecs: 178826778
  frame_id: ''
axes: [0.0, 0.0, -0.0, 0.0, 0.0, 0.0, -0.2618696987628937, -0
.018364110961556435, -0.3770047724246979, 0.0, 0.0, -0.0, 0.0,
-0.0]
buttons: [0, 0, 0, 0, 0, 0, 0, 0, 0, 0, 0, 0, 0, 0]
---
header:
  seq: 314
  stamp:
    secs: 1428330580
    nsecs: 180114015
  frame_id: ''
axes: [0.0, 0.0, -0.0, 0.0, 0.0, 0.0, -0.25743648409843445
, -0.017079122364521027, -0.3759768009185791, 0.0, 0.0, -0.0,
0.0, -0.0]
buttons: [0, 0, 0, 0, 0, 0, 0, 0, 0, 0, 0, 0, 0, 0]
---
```

　あとはこの「Topic」を「Subscribe」して、その値に応じて、やりたいことをする「ノード」を作ればいいわけです。

14.3　「ジョイスティック」による操縦プログラム

　「ROS」の入門として、「sensor_msgs/Joy」型の「joystick」の値を使って、「geometry_msgs/Twist」型の「速度指令」を発行するプログラムは簡単に作れます。これは、練習用に大変よいと思います。

　ここまで読み進めたみなさんなら、自分で作れると思うので、作ってみてください。

*

一応、私が作ったサンプルを以下に示します。

```python
import rospy
from sensor_msgs.msg import Joy
from geometry_msgs.msg import Twist

class JoyTwist(object):
    def __init__(self):
        self._joy_sub = rospy.Subscriber('joy', Joy, self.
joy_callback, queue_size=1)
        self._twist_pub = rospy.Publisher('cmd_vel', Twist,
queue_size=1)

    def joy_callback(self, joy_msg):
        if joy_msg.buttons[0] == 1:
            twist = Twist()
            twist.linear.x = joy_msg.axes[1] * 0.5
            twist.angular.z = joy_msg.axes[0] * 1.0
            self._twist_pub.publish(twist)


if __name__ == '__main__':
    rospy.init_node('joy_twist')
    joy_twist = JoyTwist()
    rospy.spin()
```

解説はほとんど要らないと思いますが、「sensor_msgs/Joy」の構造だけ見てみましょう。

「rosmsg」で調べます。

```
$ rosmsg show Joy
```

本来、

```
$ rosmsg show sensor_msgs/Joy
```

とするところですが、最後の「クラス名」だけでも調べることができます。

結果は、以下のようになります。

```
[sensor_msgs/Joy]:
std_msgs/Header header
  uint32 seq
  time stamp
  string frame_id
float32[] axes
int32[] buttons
```

「header」は「ROS」のメッセージにはよく付いているもので、「タイム
スタンプ」(stamp) や、「基準となる座標系」(frame_id) などを管理します。

「axes」と「buttons」はそれぞれ配列になっています。
なので、「Python」上では、

```
joy_msg.buttons[0]
```

のように、「添字付き」でアクセスできます。

　配列の長さはジョイスティックによって変わるので、本来はその長さを
「len(joy_msg.buttons)」などとして調べる必要があります。
　ただ、今回は、分かりやすくするために、省略しました。

　プログラム全体としては、「0番」のボタンを押しながらスティックを操作
すると、「前進後進」と「回転」をするようになっています。
　先に答を見てしまった方は、「最大速度」や「利用するボタン」などを
「Parameter」で変更できるようにしてみるといいと思います。

　ただし、本格的にこの機能を使うのであれば、すでに公開されている
パッケージがあるので、こちらを使ってみるものいいでしょう。

　以下で、インストールできます。

```
$ sudo apt-get install ros-melodic-teleop-twist-joy
```

「パッケージ名」は「teleop_twist_joy」です。
「http://wiki.ros.org/teleop_twist_joy」で詳細な情報を得ることができます。

14.4 「操縦プログラム」の実行

ここまで来たら、先ほど作ったプログラムを実行してみましょう。

＊

「python」ファイルは、これまでのように、(a) 先頭行に「#!/usr/bin/env python」と書いて、「chmod 755 joy_twist.py」するか、(b)「python コマンドの後にファイル名を書いて」実行できます。

```
$ python joy_twist.py
```

または、先ほどインストールした既存のプログラムを実行します。

```
$ rosrun teleop_twist_joy teleop_node
```

どちらも（もし「Playstation4」コントローラーならば）「四角ボタン」を押しながら、「スティック」を倒すと、「速度」が発行されたと思います。

せっかくなので、「シミュレータ」の「ロボット」で遊んでみましょう。

以前使った「kobuki」の「シミュレータ」を立ち上げます。

```
$ roslaunch kobuki_gazebo kobuki_playground.launch
```

「joy_twist.py」をいったん終了して、以下のように「cmd_vel」の「Topic名」を変更しましょう。

ファイルの中身 (cmd_vel) を書き換えてもいいですが、以下のように引数で変更もできます。

```
$ python joy_twist.py cmd_vel:=/mobile_base/commands/velocity
```

操作して遊んでみてください。

これで「ROS 対応」を謳っている「移動ロボット」であれば、なんでも動かせる「遠隔操縦プログラム」の完成です。

第15章

「C++」の「ノード」を作る

ここで趣を変えて、「C++」の「ROSノード」も作ってみます。
「C++なら分かる」という方は、お待たせしました。「Pythonができればそれでいい」という方は、この章は飛ばしてもらってもかまいません。

15.1　「C++」を使おう

　そもそも、なぜ「Python」でここまで説明したかと言うと、

・言語を覚えるのが簡単。
・「コンパイル」が要らないから簡単。

なので、多くの読者の入門としてふさわしいと考えたからです。
　裏を返せば、「C++」は、

・言語を理解するのが大変。
・「コンパイル」が必要なので、面倒。

です。

　では、一方で、「C++」を使うメリットとしては、以下を挙げることができます。

・「実行速度」が速い。
・「ロボット」に必要な「ライブラリ」が、「C++」であることが多い。

---

*

　「Python」は「実行速度」に問題があり、「速い周期の制御」や「計算負荷の高い処理」には不向きです。
　要するに、本格的に「ロボット」のプログラムを書くには、少々非力なのです。

また、「PCL」(Point Cloud Library)のように「C++」でしか扱うことができない「ライブラリ」も存在します。

「C++」は計算負荷の高い「ロボット制御用言語」としては、最も適したものだと言えるでしょう。

15.2 「C++」の「コード」を書く

ここまで「ROS」の機能を理解したら、「C++」での開発は、簡単にできると思います。

              *

「ジョイスティック」の指令を受け取って、「速度」を「出力」するサンプルを作ってみます。

「~/catkin_ws/src/ros_start/src/joy_twist.cpp」として、以下の内容を作ってください。

```cpp
#include <ros/ros.h>
#include <sensor_msgs/Joy.h>
#include <geometry_msgs/Twist.h>

class JoyTwist
{
public:
  JoyTwist()
  {
    ros::NodeHandle node;
    joy_sub_ = node.subscribe("joy", 1, &JoyTwist::joyCallba
ck, this);
    twist_pub_ = node.advertise<geometry_msgs::Twist>("cmd_
vel", 1);
  }

  void joyCallback(const sensor_msgs::Joy &joy_msg)
  {
    if (joy_msg.buttons[0] == 1)
    {
      geometry_msgs::Twist twist;
      twist.linear.x = joy_msg.axes[1] * 0.5;
      twist.angular.z = joy_msg.axes[0] * 1.0;
      twist_pub_.publish(twist);
    }
  }
```

```
private:
  ros::Subscriber joy_sub_;
  ros::Publisher twist_pub_;
};

int main(int argc, char **argv) {
  ros::init(argc, argv, "joy_twist");
  JoyTwist joy_twist;
  ros::spin();
}
```

＊

「joy_twist.py」と比較すると、非常に似ていることが分かると思います。
念のため、すべての行を解説します。

＊

```
#include <ros/ros.h>
```

「ROS」の標準的な機能を使うための、「ヘッダ」です。
「ros::init()」や、「ros::spin」などを使うために、必要になります。

```
#include <sensor_msgs/Joy.h>
#include <geometry_msgs/Twist.h>
```

「メッセージ」の「ヘッダ」です。
「Python」の「from sensor_msgs.msg import Joy」などに相当します。

```
class JoyTwist
{
```

「C++」の「クラス」を作ります。

```
public:
  JoyTwist()
  {
```

「クラス」の作成時に呼ばれる「コンストラクタ」を定義します。
「Python」で言うところの、「__init__(self)」に相当します。

```
   ros::NodeHandle node;
```

「Publisher」や「Subscriber」を作るときに、「Python」では「rospy」でしたが、「C++」では「ros::NodeHandle」の「インスタンス」を使います。

```
   joy_sub_ = node.subscribe("joy", 1, &JoyTwist::joyCallba
ck, this);
```

「Subscriber」を作っています。

「joy」という名前で、「キュー」のサイズが「1」、メッセージを受信したときの処理が「joyCallback」という関数、になるように登録しています。

```
   twist_pub_ = node.advertise<geometry_msgs::Twist>("cmd_
vel", 1);
```

「Publisher」の作成です。

「geometry_msgs::Twist」というほうを「テンプレート引数」として与えています。

```
void joyCallback(const sensor_msgs::Joy &joy_msg)
```

「コールバック関数」の定義です。

「const sensor_msgs::Joy &」型として受け取っています。

```
   if (joy_msg.buttons[0] == 1)
   {
     geometry_msgs::Twist twist;
     twist.linear.x = joy_msg.axes[1] * 0.5;
     twist.angular.z = joy_msg.axes[0] * 1.0;
     twist_pub_.publish(twist);
   }
```

メインのロジックです。

同じことをやっているので当たり前ですが、「Python」の記述に非常に近いですね。

「ROS」の配列のメッセージは「C++」では「std::vector」に変換されます。

ここでは説明のために、「サイズ・チェック」を省略していますが、本来は

「joy_msg.axes.size() >= 2」などのチェックが必要でしょう。

```
private:
  ros::Subscriber joy_sub_;
  ros::Publisher twist_pub_;
```

「クラス」の「メンバ」として、「ros::Subscriber」「ros::Publisher」をもた
せています。

```
int main(int argc, char **argv) {
  ros::init(argc, argv, "joy_twist");
  JoyTwist joy_twist;
  ros::spin();
}
```

「メイン関数」も「Python」と非常に似ていますね。
「ros::init()」で、「ROS Master」に、「ノード」として登録されます。
「ノード名」は「joy_twist」です。

15.3 「C++」の「コード」を「コンパイル」する

では、これを「コンパイル」して、「実行ファイル」を作りましょう。
そのためには、「CMakeLists.txt」の編集が必要です。

*

「CMakeLists.txt」の **108行目**あたりの、以下のような部分を探します。

```
## Declare a cpp executable
# add_executable(ros_start_node src/ros_start_node.cpp)
```

それを、以下のように編集してください。

```
## Declare a cpp executable
add_executable(joy_twist src/joy_twist.cpp)
```

次に、**115行目**あたりの以下の部分を、

```
## Specify libraries to link a library or executable target
against
# target_link_libraries(ros_start_node
#    ${catkin_LIBRARIES}
# )
```

次のようにしましょう。

```
## Specify libraries to link a library or executable target
against
target_link_libraries(joy_twist
  ${catkin_LIBRARIES}
)
```

これで準備が出来たので、「catkin_make」で「ビルド」します。

```
$ cd ~/catkin_ws
$ catkin_make
```

成功すれば、「実行ファイル」が「~/catkin_ws/devel/lib/ros_start/joy_twist」に出来ています。「ls」で確認してみましょう。

```
$ ls devel/lib/ros_start/
joy_twist
```

「実行」にはこれを直接実行してもいいのですが、「rosrun」を使ったほうが簡単です。

```
$ rosrun ros_start joy_twist
```

*

以上です。「Python」で書けるようになっていれば、「C++」でも同じようなテイストで書くことができると思います。

「CMakeLists.txt」の編集だけは面倒なので、頑張りましょう。

第4部

応用的なプログラム

第16章

「分散機能」を使う

> 「ROS」を使うメリットとして、「分散システム」によって複数のコンピュータ資源を活用できることがあります。「ROS」を使って複数のプログラムを接続するのは、非常に簡単です。

16.1 「ROS_MASTER_URI」と「ROS_IP」

「IP アドレス」が「192.168.0.1」というコンピュータと「192.168.0.2」というコンピュータがあるとします。

「192.168.0.1」のマシンで「roscore」を上げます。

```
$ roscore
```

「talker.py」を実行しましょう。
その際に、「ROS_IP」という「環境変数」をセットします。

```
$ export ROS_IP=192.168.0.1
$ rosrun ros_start talker.py
```

「192.168.0.2」において、

```
$ export ROS_MASTER_URI=http://192.168.0.1:11311
```

として、同じ「ターミナル」で、

```
$ export ROS_IP=192.168.0.2
$ rosrun ros_start listener.py
```

としましょう。
これだけで、別なマシンで通信をすることができます。

「host名」がお互いに解決できる環境では、「ROS_IP」をセットする必要はありませんが、普通の「家庭環境」などでは、「ROS_IP」をセットしましょう。

16.2　「ROS」の「通信」の仕組み

これまで「ROS」の「通信」の仕組みの詳細は説明しませんでしたが、ここで軽く触れておきます。

*

まず、「ROS」の各「ノード」は、環境変数の「ROS_MASTER_URI」を参照します。

そこには「Master」の「IPアドレス」と「ポート番号」が書かれています。（正確には、「http」というプロトコルも書いてあります）。

「ROS」が使う「TCP/IP」というネットワークでは、「IPアドレス」と「ポート番号」があれば通信が可能になります。

なので、あらゆる「ノード」は、まず、「Master」とだけは通信ができます。

通信を受けた「Master」は内部情報として、「talker」という「ノード」がいて、その「IP」と「ポート番号」を記録します。

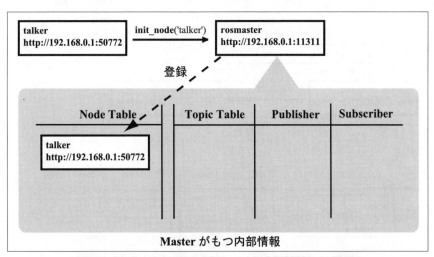

図58　「talker」の「IP」と「ポート」を「内部情報」に「保存」

*

次に、「talker」が「rospy.Publisher('chat', String)」としたときに、こんどは「Master」に、「トピックの情報」と、その「Publisher」として、「先ほど登録したtalklerがいる」という情報が、記録されます。

この時点では「Subscriber」がいないので、「登録」だけで何も起きません。

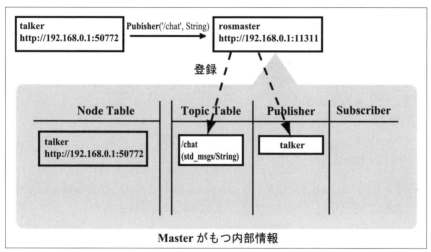

図59 「Publisher」を「登録」

別なマシンで「listener」を立ち上げるときも、「Master」の「IP」と「ポート番号」だけは分かるので、「talker」と同じように、「ノート」として「listener」が「登録」されます。

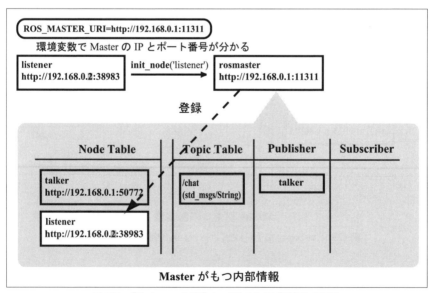

図60 「listener」が「ノード」として「登録」される

「rospy.Subscriber('chat', String)」としたときに、「Master」で「Subscriber」として登録されます。

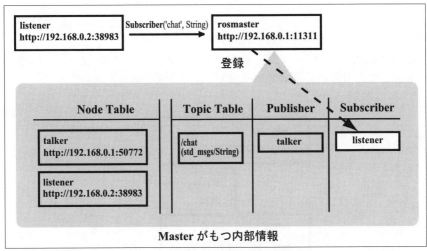

図61 「Subscriber」として「登録」

すると、「Master」は、「/chat」の「Publisher」と「Subscriber」のペアが出来たので、この両者に対して、「通信相手」となる「ノード」の、「IP」と「ポート番号」を通知します。

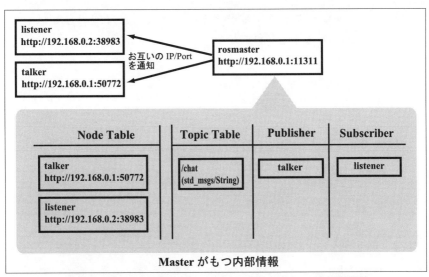

図62 「Master」が、各「ノード」に「IP」と「ポート」を「通知」

151

すると、この２つの「ノード」が「通信」を始めます。

ここからは、「Master」は経由せずに、「P2P」での通信を行ないます。

また、「Master」や「ノード」間の通信が確立されるまでは、「XML-RPC」というプロトコルなので、通信に時間がかかります。

しかし、この段階の「P2P」になってしまえば、単純な「バイナリ通信」になるので、比較的高速なデータのやり取りが可能になっています。

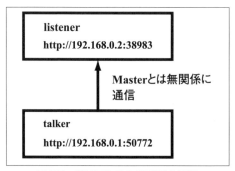

図 63 「P2P」での「通信」を開始

普通に「ROS」を使うぶんには、通信の詳細は気にしなくてもいいと思います。

何か「分散環境」でトラブルが起きたときなどには理解しておくと、デバッグの助けになるかもしれません。

第17章

「ROS」を使って「分散画像処理」

「ROS」を使うと、簡単に「分散画像処理」システムが作れます。

17.1 「USB カメラ」の準備

「ROS」で画像処理をするために、カメラを用意します。「USB カメラ」が最も簡単に用意できると思います。

最近の「ノート PC」だと標準で「カメラ」が付いているので、何も接続しなくても大丈夫かもしれません。

```
$ ls /dev/video*
```

として、

```
/dev/video0
```

のように表示されれば、使えます。

もし「USB カメラ」を買う場合は、「UVC」という規格に対応したものを選択すると、動くと思います。

*

[1] まずは「USB カメラ」の「ROS ドライバ」をインストールします。

```
$ sudo apt-get install ros-melodic-usb-cam
```

[2] 次に、これを実行します。

```
$ rosrun usb_cam usb_cam_node
```

「/usb_cam/camera_info」に「カメラ情報」(画像サイズなど)が「Publish」され、「/usb_cam/image_raw」に「画像」が「Publish」されます。
「rostpic list」で確認してみてください。

*

では次に、取得できた画像を表示してみましょう。

「ROS」の「画像」を表示するには、「image_view」というツールを使います。

```
$ rosrun image_view image_view image:=/usb_cam/image_raw
```

「GUI」が表示されたと思います。

先ほどの「分散環境」での使い方（「ROS_MASTER_URI」をセット）をすれば、「遠隔監視システム」の出来上がりです。

17.2 「cv_bridge」を使って「OpenCV 形式」に変換する

「ROS」は「OpenCV」（Open Source Computer Vision Library）との接続が簡単にできます。

「cv_bridge」は「OpenCV」の「標準データ形式」である「cv::Mat」を、「ROS」のメッセージである「sensor_msgs/Image」に変換します。

また、その逆もできます。

＊

以下のように、「USB でキャプチャした画像」を「ROS で転送」し、「OpenCV で画像処理」（青色抽出）したのち、再び「ROS で転送」する、ということもできます。

＊

「プログラム」は以下のようになります。

```python
#!/usr/bin/env python

import rospy
import cv2
import numpy as np
from sensor_msgs.msg import Image
from cv_bridge import CvBridge

class ColorExtract(object):
    def __init__(self):
        self._image_pub = rospy.Publisher("masked_image", Image, queue_size=1)
        self._image_sub = rospy.Subscriber("/usb_cam/image_raw", Image, self.callback)
        self._bridge = CvBridge()

    def callback(self, data):
```

```
        cv_image = self._bridge.imgmsg_to_cv2(data, "bgr8")
        hsv = cv2.cvtColor(cv_image, cv2.COLOR_BGR2HSV)
        lower_blue = np.array([110,50,50])
        upper_blue = np.array([130,255,255])

        color_mask = cv2.inRange(hsv, lower_blue, upper_blue)
        res = cv2.bitwise_and(cv_image, cv_image, mask=color_mask)
        self._image_pub.publish(self._bridge.cv2_to_imgmsg(res, "bgr8"))

if __name__ == '__main__':
    rospy.init_node('color_extract')
    color = ColorExtract()
    try:
        rospy.spin()
    except KeyboardInterrupt:
        pass
```

＊

実際に「変換」しているのは「cv_image = self._bridge.imgmsg_to_cv2 (data, "bgr8")」の部分で、変換後の形式に、「bgr8」を選択しています。

■「信号認識ロボット」を作ろう

これを改造して、「青いものが見えたら前進」し、「赤いものが見えたら後退」する「ROS プログラム」を作ってみましょう。

「赤で後退」するのは街の「信号」とは違いますが、そのほうが分かりやすいので、そうしましょう。

＊

以下を、「color_vel.py」として保存してください。

```
#!/usr/bin/env python

import rospy
import cv2
import numpy as np
from sensor_msgs.msg import Image
from geometry_msgs.msg import Twist
from cv_bridge import CvBridge, CvBridgeError

class ColorExtract(object):
    def __init__(self):
```

```python
        self._vel_pub = rospy.Publisher('cmd_vel', Twist, queue_size=1)
        self._blue_pub = rospy.Publisher('blue_image', Image, queue_size=1)
        self._red_pub = rospy.Publisher('red_image', Image, queue_size=1)
        self._image_sub = rospy.Subscriber('/usb_cam/image_raw',
Image, self.callback)
        self._bridge = CvBridge()
        self._vel = Twist()

    def get_colored_area(self, cv_image, lower, upper):
        hsv_image = cv2.cvtColor(cv_image, cv2.COLOR_BGR2HSV)
        mask_image = cv2.inRange(hsv_image, lower, upper)
        extracted_image = cv2.bitwise_and(cv_image, cv_image, mask=mask_image)
        area = cv2.countNonZero(mask_image)
        return (area, extracted_image)

    def callback(self, data):
        try:
            cv_image = self._bridge.imgmsg_to_cv2(data, 'bgr8')
        except CvBridgeError, e:
            print e
        blue_area, blue_image = self.get_colored_area(
            cv_image, np.array([50,100,100]), np.array([150,255,255]))
        red_area, red_image = self.get_colored_area(
            cv_image, np.array([150,100,150]), np.array([180,255,255]))

        try:
            self._blue_pub.publish(self._bridge.cv2_to_imgmsg
(blue_image, 'bgr8'))
            self._red_pub.publish(self._bridge.cv2_to_imgmsg
(red_image, 'bgr8'))
        except CvBridgeError, e:
            print e
        rospy.loginfo('blue=%d, red=%d' % (blue_area, red_area))
        if blue_area > 1000:
            self._vel.linear.x = 0.5
            self._vel_pub.publish(self._vel)
        if red_area > 1000:
            self._vel.linear.x = -0.5
            self._vel_pub.publish(self._vel)

if __name__ == '__main__':
    rospy.init_node('color_extract')
    color = ColorExtract()
    try:
        rospy.spin()
    except KeyboardInterrupt:
        pass
```

■「color_vel.py」の全行解説

それでは、いつも通り、すべての行を見ていきましょう。

*

```
#!/usr/bin/env python

import rospy
```

ここまでは、お決まりです。

```
import cv2
```

「cv2」は「OpenCV」の「Pythonライブラリ」です。

「ROS」とは関係なく、単独で動作します。

「cv2」の「2」は「バージョン2」を表わします。

「OpenCV」は「バージョン1」と「2」で、APIがかなり違います。

現在は、「cv2」を使うべきです。

```
import numpy as np
```

「OpenCV」では「numpy」という「Python」の「数値計算ライブラリ」を使っています。

なので、このプログラムでも「numpy」を必要とします。

「Python」では「import」時に「as」を使って「ライブラリの名前」をつけることができます。

短くプログラムを記述するために、ここでは「numpy」を「np」として「import」しました。

```
from sensor_msgs.msg import Image
from geometry_msgs.msg import Twist
```

必要なメッセージを「import」します。

```
from cv_bridge import CvBridge, CvBridgeError
```

「ROS」から「OpenCV」を使うためのライブラリ「cv_bridge」から、

「コンバータ」そのものである「CvBridge」と、「例外処理」のための「CvB ridgeError」を「import」します。

```
class ColorExtract(object):
```

今回も少し複雑なので、「クラス」として実装します。

```
    def __init__(self):
        self._vel_pub = rospy.Publisher('cmd_vel', Twist, queue_size=1)
        self._blue_pub = rospy.Publisher('blue_image', Image, queue_size=1)
        self._red_pub = rospy.Publisher('red_image', Image, queue_size=1)
        self._image_sub = rospy.Subscriber('/usb_cam/image_raw',
Image, self.callback)
```

「クラス」の「初期化」時に必要な「Publisher」と「Subscriber」を作っています。

「self._vel_pub」が「ロボット」を動かすための「速度」の「Publisher」で、「self._image_sub」が「入力」としての「画像」になります。

「self._blue_pub」と「self._red_pub」はデバッグ用の表示です。

```
        self._bridge = CvBridge()
```

これが「OpenCV」と「ROS」の「メッセージ」(sensor_msgs/Image) を変換する、「コンバータ」になります。

```
        self._vel = Twist()
```

「ロボット」を動かすための速度を作っておきます。

```
    def get_colored_area(self, cv_image, lower, upper):
```

「画像」から「色を抽出」し、その「領域」の「画素数」と「画像を返す関数」を定義します。

「OpenCV」の「画像形式」と、「色抽出」の「上下の閾値」を「引数」に取ります。

[17.2]「cv_bridge」を使って「OpenCV 形式」に変換する

この「関数」は「ROS」とは関係なく、純粋な「OpenCV」の「関数」になっています。

```
hsv_image = cv2.cvtColor(cv_image, cv2.COLOR_BGR2HSV)
```

「入力画像」から「HSV 画像」を作ります。

一般に「画像」は「RGB」(Red, Green, Blue の頭文字)で表わされることが多いです。
しかし、「RGB 画像」を使って色を抽出するのは困難です。

「HSV」は「色相」(どんな色か)と、「彩度」(あざやかさ)、「明度」(明るさ)で表わした画像形式で、「色抽出」によく使われます。
人の直感的に色抽出するパラメータを指定することができます。

```
mask_image = cv2.inRange(hsv_image, lower, upper)
```

「lower」と「upper」で指定された閾値内にある「マスク画像」を作ります。

```
extracted_image = cv2.bitwise_and(cv_image, cv_image, mask=mask_image)
```

表示用に、元画像から抽出された領域を切り抜きます。

```
area = cv2.countNonZero(mask_image)
```

「マスク画像」で抽出された「画素」を数えます。

```
return (area, extracted_image)
```

「画素数」と「抽出画像」をセットにして、返します。

```
def callback(self, data):
```

「画像」を「受信」したときに実行される「関数」です。
「data」には「sensor_msgs/Image」の「Message」が入ります。

```
    try:
        cv_image = self._bridge.imgmsg_to_cv2(data, 'bgr8')
    except CvBridgeError, e:
        print e
```

「cv_bridge」を使って、「メッセージ」を「OpenCV」の「画像形式」に
変換しています。

「imagemsg_to_cv2」の2つ目の引数には、「data」の「データ構造」に応じて、
「形式」を「文字列」で与える必要があります。
「bgr8」が一般的ですが、カメラによって違うこともあると思います。
「赤」「青」が反転している場合は、「rgb8」などに変えてみてみましょう。
失敗する可能性に備えて、「try/except」でくくっておきます。

```
    blue_area, blue_image = self.get_colored_area(
        cv_image, np.array([50,100,100]), np.array([150,255,255]))
    red_area, red_image = self.get_colored_area(
        cv_image, np.array([150,100,150]), np.array([180,255,255]))
```

先ほど定義した「関数」に変換した「画像」を「引数」として渡して、「色
抽出」しています。

「青抽出」の閾値は、下限として、「H=50, S=100, V=100」に、「上限」と
しては、「H=150, S=255, V=255」にしました。
もし、これでうまく行かないようならば、「H」や「S」の値を変えてみま
しょう。
「青」は一般的に抽出が難しいです。

```
    try:
        self._blue_pub.publish(self._bridge.cv2_to_imgmsg
(blue_image, 'bgr8'))
        self._red_pub.publish(self._bridge.cv2_to_imgmsg
(red_image, 'bgr8'))
    except CvBridgeError, e:
        print e
```

「デバッグ用」に、「抽出した画像」を「Publish」しておきます。

```
        rospy.loginfo('blue=%d, red=%d' % (blue_area, red_area))
```

「デバッグ用」に、「抽出した面積」を表示しておきます。

```
    if blue_area > 1000:
        self._vel.linear.x = 0.5
        self._vel_pub.publish(self._vel)
    if red_area > 1000:
        self._vel.linear.x = -0.5
        self._vel_pub.publish(self._vel)
```

「1000画素以上、指定した色の領域を見つけたとき」に「速度」を出力しています。

```
if __name__ == '__main__':
    rospy.init_node('color_extract')
    color = ColorExtract()
    try:
        rospy.spin()
    except KeyboardInterrupt:
        pass
```

ここもいつもと同じです。

■「color_vel.py」を実行

では実行してみましょう。

*

まずはいつものシミュレータを上げます。

```
$ roslaunch kobuki_gazebo kobuki_playground.launch
```

「カメラ・ノード」を上げます。

```
$ rosrun usb_cam usb_cam_node
```

今作った「color_vel.py」を上げます。

```
$ python color_vel.py cmd_vel:=/mobile_base/commands/velocity
```

「デバッグ」のために「画像」を「表示」します。

```
$ rosrun image_view image_view image:=/blue_image &
$ rosrun image_view image_view image:=/red_image &
$ rosrun image_view image_view image:=/usb_cam/image_raw &
```

「&」をつけてプログラムを立ち上げると、「ターミナル」を専有せずに、「バックグラウンド」でプログラムが動作します。

GUI の場合は「×」ボタンで終了できるので、「&」をつけて起動してもいいと思います。

もし間違えて「&」をつけてしまった場合は、

```
$ fg
```

とすると、「ターミナル」を専有した状態に戻せます。

画像は無事表示されたでしょうか。
左から、「生画像」「青色抽出結果」「赤色抽出結果」です。

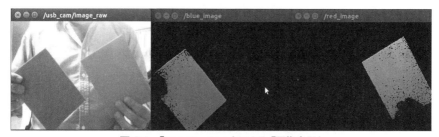

図64 「image_view」による「画像表示」

「カメラ画像」で「ロボット」が操作できたでしょうか。

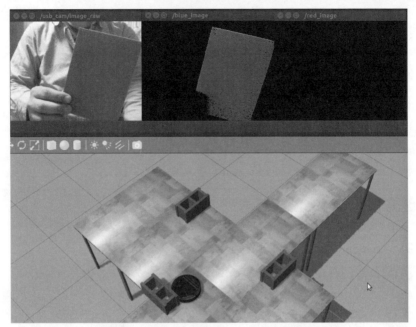

図65 「カメラ」を使って「ロボット」を操作

「OpenCV」を活用すれば、もっといろいろなことができると思います。
「顔抽出」なども比較的簡単なので、「人の顔を追い掛ける」などもやってみるいよいと思います。

17.3 「rosbag」で「Topic」を記録

これまでに紹介したように「ROS」には強力なツール群がたくさんあります。
その中でも代表格を、ここで紹介します。「rosbag」です。

「rosbag」は「Topic」として出力されたデータをすべて記録し、「bag ファイル」として保存することができます。

「bag ファイル」はいつでも再生することができます。
なので、一度実験したら、そのデータをすべて「bag ファイル」に保存しておけば、「ロボットの実験」をやり直さなくても、同じ出力を得ることができるのです。

たとえば、先ほどの、「カメラに赤いものを見せる実験」はけっこう面倒なものです。

もちろん、カメラが必要で、何回も繰り返すのは、疲れます。

パラメータを調整するたびに、両手を離してカメラの前でものを見せるのは、意外と大変です。

「rosbag」を使って、先ほどの実験をカメラなしでできるようにしましょう。

*

[1]　まずはいつも通り、「usb_cam」を立ち上げます。

```
$ rosrun usb_cam usb_cam_node
```

[2]　「rostopic list」して、保存したい Topic を調べます。

```
$ rostopic list
/rosout
/rosout_agg
/usb_cam/camera_info
/usb_cam/image_raw
```

今回は「/usb_cam/camera_info」と「/usb_cam/image_raw」にします。

「image_view」で、画像を確認しながらやりましょう。

```
$ rosrun image_view image_view image:=/usb_cam/image_raw
```

[3]　では、いよいよ「rosbag」を起動します。

「rosbag record」の後に、記録したい「Topic」を指定します。

「-O」の後に保存する「ファイル名」を指定することができます。

今回は「images.bag」としました。

```
$ rosbag record /usb_cam/camera_info /usb_cam/image_raw -O images.bag
[ INFO] [1429350767.231570406]: Subscribing to /usb_cam/image_raw
[ INFO] [1429350767.237539438]: Subscribing to /usb_cam/camera_info
[ INFO] [1429350738.038379741]: Recording to images.bag.
```

すると記録が始まるので、やりたい実験をします。

[4] 終わったら「Ctrl-c」で「rosbag」を終了します。

> ※「保存するファイル名」を指定しない場合は、「日付＋時刻 .bag」という形式になります。
> 　「ファイル名」は「rosbag」のコンソールに表示されているので、確認してください。

＊

「record」時には「Topic 名」の代わりに「-a」を指定すると、すべての「Topic」を記録します。

「画像」がたくさん「Publish」されていたりすると、非常にデータが増えたりしますが、そんなときに便利です。

```
$ rosbag record -a
```

＊

「再生」は「rosbag play」でやります。

実際にやってみます。

[1] まず「usb_cam」を終了します。
「image_view」での画像更新が止まります。

[2] では、「rosbag play」しましょう。

```
$ rosbag play images.bag
```

[3] 「録画データ」が終了したら、「先頭」に戻すには、「-l」オプションをつけます。「ループ」の「L」ですね。

```
$ rosbag play -l images.bag
```

動画は再生されたでしょうか。

これが単なる「動画再生」ではないことは、先ほど作った「color_vel.py」を動かしてみれば、分かります。

```
$ python color_vel.py
```

ちゃんと認識され、「/cmd_vel」が発行されたでしょうか。

17.4 「rqt_bag」で「bag ファイル」を確認

「bag ファイル」が増えてくると、中身が何なのか分からなくなってきます。

そんなときは、「rosbag info」を使うことで、含まれる「Topic」や「時刻」などを確認できます。

```
$ rosbag info images.bag
```

すると、以下のように表示されるはずです。

```
path:         images.bag
version:      2.0
duration:     13.6s
start:        Apr 18 2015 18:44:53.43 (1429350293.43)
end:          Apr 18 2015 18:45:06.99 (1429350306.99)
size:         121.4 MB
messages:     276
compression:  none [138/138 chunks]
types:        sensor_msgs/CameraInfo [c9a58c1b0b154e0e6da7578cb991d214]
              sensor_msgs/Image      [060021388200f6f0f447d0fcd9c64743]
topics:       /usb_cam/camera_info   138 msgs    : sensor_msgs/CameraInfo
              /usb_cam/image_raw     138 msgs    : sensor_msgs/Image
```

*

また、「rqt」のツールの一つに、「rqt_bag」があります。

これを使うと、「bag ファイル」の中身を可視化できます。

以下のようにして起動します。

```
$ rqt_bag images.bag
```

起動時は以下に示すように「動画編集ソフト」風の画面で、「青い縦線」が、「実際にメッセージが発行されたタイミング」を表わしています。

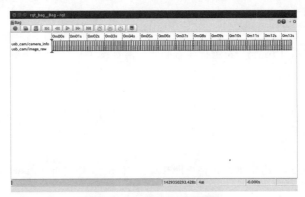

図66 「rqt_bag」の起動時

＊

このままでは、どのようなデータか分かりにくいので、「サムネイル表示」
します。

右上にある「画像表示ボタン」をクリックします。
すると以下のように、「タイムライン」上に「画像」が表示されます。

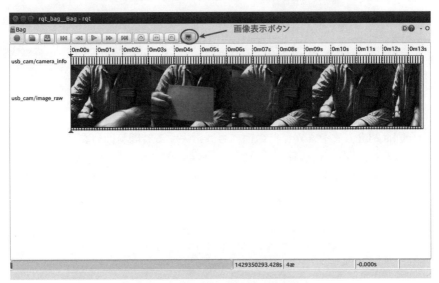

図67 「rqt_bag」で「画像」を表示

＊

また、「データの確認」だけでなく、「rosbag play」と同じように「Topic

の発行」ができます。

　ただし、そのまま「再生ボタン」を押しても、何も発行されません。明示的に発行する「Topic」を選択する必要があります。

＊

　発行したい「Topic」の「行」に、「カーソル」を合わせて、「右クリック」から、「Publish」を選択します。

　その状態で、「再生ボタン」を押せば、「Topic」が発行されます。

図68　「rqt_bag」で「Topic」を発行

＊

　今回は紹介しませんが、その他にも「再生する時間範囲」を「ドラッグ」で絞ったり、「rosbag record」と同じことも可能です。

　GUI での操作が好みの方は、いじってみてはどうでしょうか。

「tf」を使って「座標変換」

> 「tf」は「ROS」の内部深く関わったツールです。
> 「tf」のパワーを感じてください。

18.1 「tf」とは

「tf」は「座標系の管理システム」で、「ROS」の根幹をなすシステムのひとつです。

"「ロボット・アーム」の「関節角度」が決まったときに、「手先の位置」がどこにあるか"――といった問題を「順運動学」と言い、「ロボティクス」の、基本中の基本です。

この問題を、「ROS」では「tf」を使って扱います。

「tf」の特徴として、は以下の3つが挙げられます。

① 「時間同期」ができる
② 「分散システム」で使える
② 「rviz との連携」が強力

「タイムスタンプを使った同期システム」や「ROS の分散システム」の恩恵で、複数の CPU に接続された「センサ」や「モータ」のデータであっても、正確な「時刻同期」をすることができます。

また、「tf」は「ROS」の「標準ツール」なので、「rviz」での「表示」においても、積極的に利用されています。

＊

以下のような「ロボット」の開発においては、必須と言えるツールです。

・自律移動ロボット
・複数の関節をもつロボットアーム
・３次元物体の認識プログラム

　ここでは、「ロボットが手先を見続けるプログラム」を作って、「tf」を体験しましょう。

18.2　「PR2」の「シミュレータ」を立ち上げる

　まず、「pr2」のシミュレータを上げて、「首」と「腕」を動かせるようにします。

```
$ roslaunch pr2_gazebo pr2_empty_world.launch
```

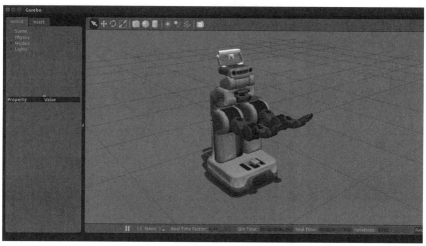

図69　「PR2」の「シミュレータ」を立ち上げたところ

| 18.3 | 「PR2」の「腕」と「頭」を動かす |

■「git」で「ソース」を取ってくる

「PR2」の「腕」や「頭」は「Actionlib」を使って動かすことができます。
ここまで「本書」を進めたみなさんなら、簡単に動かすことができると思います。

しかし、ここでは、"楽"をして、私が作ったライブラリ「ez_utils」を使ってみます。

いつもなら、「apt」でインストールするところですが、この「ライブラリ」はまだリリースしていません。
リリースされていないソフトは「apt」でのインストールはできません。

＊

以下のように「git」を使ってソースとしてワークスペースに展開しましょう。

```
$ cd ~/catkin_ws/src
$ git clone https://github.com/OTL/ez_utils.git
$ cd ~/catkin_ws
$ catkin_make
```

このように、「リリース」されていない「ソフト」を自分でビルドするのは、「ROS」では比較的頻繁に行ないます。覚えておきましょう。

| 18.4 | 「tf」を「rviz」で確認する |

では、「シミュレータ」が動いている状態で、「rviz」を立ち上げてみましょう。

```
$ rosrun rviz rviz
```

まずは、「Robot Model」を「表示」しましょう。

「ロボット」の「モデル」が表示されないときは、「Global Options」の「Fixed Frame」を、「base_link」にセットします。

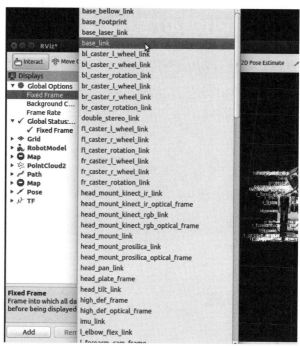

図70 「rviz」の、「Global Options」の「Fixed Frame」を、「base_link」にセット

＊

次に、「TF」を「表示」しましょう。

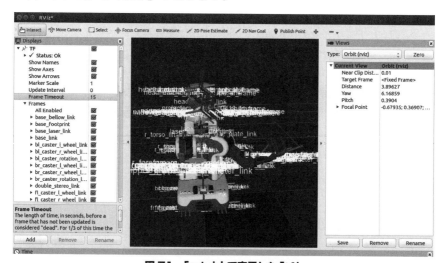

図71 「rviz」上で表示した「tf」

「TF」は「フレーム」をすべて
表示してしまうと見づらいので、
右の図に示すように、「Frames」
の「All Enabled」をクリックして、
「表示」を外します。

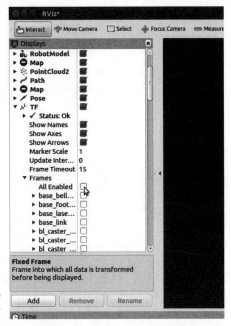

**図72 「TF」の、「Frames」の
「All Enabled」のチェックを外す**

そして、今回利用する「head_plate_frame」と「l_gripper_led_frame」に、
チェックを入れましょう。
図のようになったでしょうか。

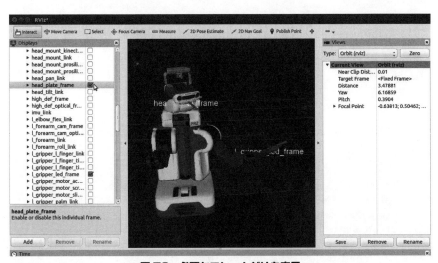

図73 必要なフレームだけを表示

18.5 「tf」で「相対関係」を取得する

「tf」では「相対関係」を取得します。

「rviz」で確認したように、「/head_plate_frame」が「PR2」の「頭」の
フレームで、「/l_gripper_led_frame」が「左手先」のフレームになります。

＊

「tf_echo」というソフトで「フレーム」間の「相対位置」を調べることが
できます。

```
$ rosrun tf tf_echo /head_plate_frame /l_gripper_led_frame
At time 96.831
- Translation: [0.751, 0.188, -0.318]
- Rotation: in Quaternion [-0.001, -0.344, 0.001, 0.939]
            in RPY [-0.004, -0.703, 0.003]
```

最初にいくつかエラーが出るかもしれませんが、気にしなくていいです。

これが、「/head_plate_frame」から見た「/l_gripper_led_frame」の座標
系になります。

＊

では、これを使って「PR2」の「首」が「手先」を見続けるプログラムを
作ってみましょう。

「look_hand.py」として保存してください。

```
#!/usr/bin/env python
import rospy
import tf2_ros
from ez_utils.ez_joints import EzJoints

if __name__ == '__main__':
    rospy.init_node('pr2_look_left_hand')
    tf_buffer = tf2_ros.Buffer()
    tf_listener = tf2_ros.TransformListener(tf_buffer)
    head = EzJoints('/head_traj_controller')
    left_arm = EzJoints('/l_arm_controller')
    yaw_angle = 0.0
    pitch_angle = 0.0
    rate = rospy.Rate(10.0)
    while not rospy.is_shutdown():
```

```
        try:
            trans = tf_buffer.lookup_transform('head_plate_frame',
                                                'l_gripper_led_
frame',
                                                rospy.Time())
            yaw_angle = trans.transform.translation.y / 1.0
            pitch_angle = -trans.transform.translation.z / 1.0
            print trans.transform.translation
            head.set_positions([yaw_angle, pitch_angle])
        except (tf2_ros.LookupException, tf2_ros.ConnectivityException,
                    tf2_ros.ExtrapolationException):
            rospy.logwarn('tf not found')
        rate.sleep()
```

                      *

では、すべての行を解説します。

                      *

```
#!/usr/bin/env python
import rospy
```

ここまでは、いつもと同じです。

```
import tf2_ros
```

「tf2_ros」というのが「TF」の「ライブラリ」です。

「TF」は現在「バージョン2」で、「ROSに依存しないライブラリ」ということになっています。

「ROS」から使う場合は、この「tf2_ros」というライブラリを使います。

```
from ez_utils.ez_joints import EzJoints
```

「ez_utils」という「ライブラリ」の「ez_joints」モジュールから、「Ez Joints」クラスを「import」しています。

「EzJoints」クラスを使うと、「PR2」の「関節」を簡単に動かすことができます。

```
if __name__ == '__main__':
```

ここからがメイン関数です。

```
    rospy.init_node('pr2_look_left_hand')
```

「ノード名」は「pr2_look_left_hand」としました。

```
    tf_buffer = tf2_ros.Buffer()
    tf_listener = tf2_ros.TransformListener(tf_buffer)
```

この2行はお決まりです。

まず、「TF」のデータを蓄える「バッファ」を作り、それを引数にして「TransformListener」を作って、「tf_listener」に代入します。

この「tf_listener」を使って、「TF」の機能にアクセスします。

```
    head = EzJoints('/head_traj_controller')
    left_arm = EzJoints('/l_arm_controller')
```

「EzJoints」クラスの「インスタンス」を作り、「頭部」と「左腕」を「Topic」で動かせる状態にします。

これが、それぞれ、以下の「Topic」を「Subscribe」します。

・/head_traj_controller/follow_position
・/l_arm_controller/follow_position

```
    yaw_angle = 0.0
    pitch_angle = 0.0
```

「首」の「Yaw」（Z軸周りの回転）と「Pitch」（Y軸周りの回転）の「角度」を「0.0[rad]」で初期化しています。

```
    rate = rospy.Rate(10.0)
```

「10[Hz]」で動作させます。

```
    while not rospy.is_shutdown():
```

無限ループさせます。

```
     try:
         trans = tf_buffer.lookup_transform('head_plate_frame',
                                            'l_gripper_led_
frame',
                                             rospy.Time())
```

「lookup_transform」で指定したフレーム間の相対関係を取得します。

3つ目の引数にはほしい時刻を指定しますが、「rospy.Time()」を入れると、「取得可能な最新の時刻」を指定したことになります。

また、「lookup_transform」は失敗すると例外を投げるので、必ず「try:」の中で実行して、例外に備えます。

```
         yaw_angle = trans.transform.translation.y / 1.0
         pitch_angle = -trans.transform.translation.z / 1.0
```

取得した相対関係「trans」を使って、「首の角度」を決めます。
制御の式は、適当です。

```
         print trans.transform.translation
```

デバッグ用に、相対関係を「print」しておきます。

```
         head.set_positions([yaw_angle, pitch_angle])
```

「EzJoints」で、「Yaw」「Pitch」角を、「ロボット」に送信しています。

```
     except (tf2_ros.LookupException, tf2_ros.ConnectivityException,
             tf2_ros.ExtrapolationException):
         rospy.logwarn('tf not found')
```

例外のキャッチ部分です。

```
     rate.sleep()
```

無限ループの「10[Hz]」用スリープです。

18.6 「look_hand」を実行

では。実行しましょう。

```
$ chmod 755 look_hand.py
$ rosrun ros_start look_hand.py
```

「PR2」が「左手」を見たでしょうか。

*

では、「rqt_ez_publisher」を使って、「左手」を動かしてみましょう。

```
$ rosrun rqt_ez_publisher rqt_ez_publisher
```

*

[1] まず、「/l_arm_controller/follow_position」を選択し、表示された
スライダの列の「+」ボタンを押して、「配列」を増やしてください。

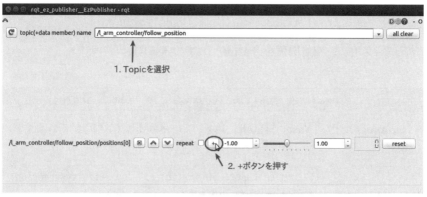

図74 「rqt_ez_publisher」の「列」を増やす

[2] そうしたら「スライダ」を動かして「PR2」の「アーム」を動かして
みましょう。

図75 「rqt_ez_publisher」で動かした「アーム」を「ヘッド」が追従する①

「PR2」の「ヘッド」が追従したと思います。

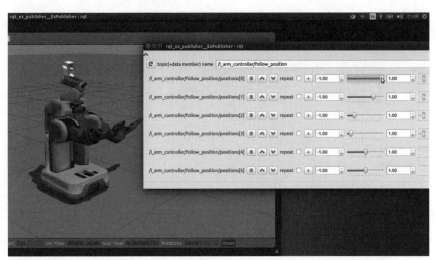

図76 「rqt_ez_publisher」で動かした「アーム」を「ヘッド」が追従する②

*

なんとなく「tf」のパワーを感じることができたでしょうか。
「tf」は「rviz」でも座標系を解決するために利用されています。

　また、たいていの「Message」に付いている「Header」という型には、「frame_id」という「tf」の名前を書く場所があります。

　このように「ROS」の内部に深く関わったツールです。ぜひ覚えておきましょう。

第19章

自分の「ロボット」を「ROS」で動かす

> ここまで本書を読んだ方は自分の「ロボット」を「ROS」で動かしたく
> なっていると思います。
> やり方には2つあります。
>
> (a)「ROS対応ロボットを買う」
> (b)「自作する」
>
> 本書では深く解説はしませんが、ここまで「ROS」を理解したみな
> さんならば、難しいことはもうないと思います。

19.1   「ROS対応」の「ロボット」を買う

「ROS対応」を謳った「ロボット」はたくさんあります。
以下のページに一覧があるので、見てみるといいでしょう。

http://wiki.ros.org/Robots

しかし、現在、一般の人が入手できるものは、意外と少ないです。
「Turtlebot3」くらいでしょうか。

*

日本にも「アールティー」(http://www.rt-shop.jp)などの代理店がある
ので、気軽に購入が可能です。
「Lego Mindstorms EV3/NXT」に関しては、個人で作っている方が何人
かいるようです。
日本人の近藤豊さんが開発しているものがあるようなので試してみてはい
かがでしょうか (http://youtalk.jp/ros)。

「Kinect」を搭載すれば「Turtlebot」にできますし、おすすめです。

*

　「Roomba」をすでにもっている人は、ケーブルの自作など壁はありますが、チャレンジしてみるのもいいと思います。

＊

　「Lego Mindstorms EV3/NXT」に関しては、個人で作っている方が何人かいるようです。日本人の近藤豊さんが開発しているものがあるようなので、試してみてはいかがでしょうか (http://youtalk.jp/ros)。

＊

　Softbank の「Pepper」も「Naoqi」というミドルウェアで動いています。
　そこに「ROS」の皮をかぶせることで、「ROS」のインターフェイスを使って動かせるようになっているようです (http://wiki.ros.org/Robots/Pepper)。

19.2 「ROS 対応」の「ロボット」を自作する

　もうひとつの手段は、「RaspberyPi」や「Arduino」などを使って自作することです。
　PC から操作可能なロボットであれば、少しインターフェイスを用意するだけで、「ROS 対応」の「ロボット」に生まれ変わります。

　たとえば「移動ロボット」であれば、「geometry_msgs/Twist」型の「Topic」を受け取って動く「ロボット」を作れば、「ROS 対応」を謳っていいのではないでしょうか。

　「自作ロボット」のために助けになるツールはいろいろありますが、たとえば以下に 2 つ挙げておきます。

19.3 「rosserial」でマイコンとつなぐ

　「rosserial」(http://wiki.ros.org/rosserial) は「シリアル通信」で「ROS」と「通信」するツールです。

　「マイコン」や「Windows」など、「ROS を動かすことができないコンピュータ」と「ROS」のネットワークを作るために使います。

　たとえば「Arduino」と「ROS」を繋ぎたいときなどに使います。

　「Arduino」を使えば、「センサ」や「サーボ・モータ」を簡単につなぐことができるので、お手軽に「ROS 対応」の「ロボット」が作れます。

■「rosserial」の仕組み

「rosserial」は「シリアル通信」で実現可能な、「1 対 1」の簡単な「rosserial プロトコル」を定義。「マイコン側のプログラム」(rosserial_arduino) と「PC 側のプログラム」(rosserial_python) とで通信します。

あたかも「マイコン」自身が「ROS」のノードであるかのように、「rosserial_python」側で振る舞うことで、シームレスに「マイコン」との通信が可能になります。

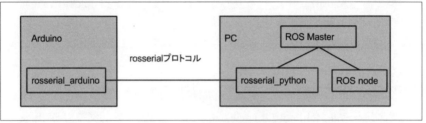

図77 「rosserial」の仕組み

■「rosserial」を使ってみる

「Arduino」で「rosserial」を使うには、いつものように、「apt」でインストールします。

```
$ sudo apt-get install ros-melodic-rosserial ros-melodic-
rosserial-arduino
```

また、「近藤科学」のシリアルサーボも日本人の longjie さんが「ROS」から動かせるようにしたようなので、試してみてはいかがでしょうか。

```
https://github.com/longjie/kondo_driver
```

こちらはまだ「apt」ではインストールできないので、ソースからインストールする必要があります。

「Arduino SDK」がインストールされていない場合でも、「Ubuntu」に含まれるものなら、簡単にインストールできます。

```
$ sudo apt-get install arduino
```

183

そして、

```
$ arduino
```

とすると、「SDK」が立ち上がります。

＊

ただ、これだけではまだ、使えません。

以下のコマンドを打って、「Arduino 用のライブラリ」をインストールする必要があります。

＊

一度でも「Arduino SDK」を立ち上げると、「~/sketchbook/libraries」というディレクトリが出来ます。

そうしたら、以下のようなコマンドを実行します。

```
$ cd ~/sketchbook/libraries
$ rosrun rosserial_arduino make_libraries.py .
```

これで、「~/sketchbook/libraries/ros_lib」というライブラリが出来て、「Arduino SDK」から参照可能な状態になります。

図78 「Arduino SDK」から「ros_lib」を参照

■「Arduino」の「スケッチ」（プログラム）を書く

では、「Arduino」で動く「プログラム」（スケッチ）を書きましょう。

＊

「Arduino」の「13番ピン」には「LED」が最初から付いているので、これを制御してみます。

図79 「Arduino13番ピン」の「LED」

通称「Lチカ」と呼ばれる、最も簡単な組み込みプログラムです。

*

「スケッチ」は、以下のようになります。

```
#include <ros.h>
#include <std_msgs/Bool.h>
#include <std_msgs/String.h>

ros::NodeHandle node;
std_msgs::String chat;
ros::Publisher pub("arduino", &chat);

void ledCallback(const std_msgs::Bool &is_led_on){
  if (is_led_on.data) {
    digitalWrite(13, HIGH);
    chat.data = "led on!";
  } else {
    digitalWrite(13, LOW);
    chat.data = "led off!";
  }
  pub.publish(&chat);
}

ros::Subscriber<std_msgs::Bool> sub("led", &ledCallback);

void setup()
{
```

```
  pinMode(13, OUTPUT);
  node.initNode();
  node.subscribe(sub);
  node.advertise(pub);
}

void loop()
{
  node.spinOnce();
  delay(1);
}
```

「Arduino」は「C++」ベースのプログラムなので、「C++」での「ROS」ノードに近い記述ができます。

*

「setup()」は「Arduino」で最初に呼ばれる関数で、ここで「初期化」し、「loop()」は周期的に呼びだされます。

「Arduino」と「PC」を接続して、このプログラムを焼き込みましょう。

■「Arduino」と通信してみる

そうしたら、いつものように「roscore」を上げて、

```
$ roscore
```

PC側の「serial_node」を立ち上げます。

「Arduino」が「/dev/ttyUSB0」として認識されているならば、以下のようにします。

```
$ rosrun rosserial_python serial_node.py _port:=/dev/ttyUSB0
```

「/dev/ttyACM0」として認識されているならば、

```
$ rosrun rosserial_python serial_node.py _port:=/dev/ttyACM0
```

とします。

また、このデバイスへの書き込み権限があるか、確認しましょう。

もし、エラーが起きるようならば、書き込み権限を上げてしまいましょう。

```
$ sudo chmod 777 /dev/ttyUSB0
```

次に、「Arduino」から送られてくる「メッセージ」を確認するために「ros topic echo」します。

```
$ rostopic echo /arduino
```

「/led」トピックを発行して、「LEDの変化」と「メッセージ」を確認しましょう。

```
$ rostopic pub /led std_msgs/Bool true
$ rostopic pub /led std_msgs/Bool false
```

「Lチカ」はできたでしょうか。

19.4 「サーボ・モータ」を使う

「Arduino」にも「Servoモジュール」があるので、「ラジコン・サーボ」の制御ができます。

ですが、もう少し本格的な「ロボット」を作りたいのであれば、「Dynamixel」という「サーボ・モータ」を使うと、簡単に「ROS」で制御できます。

```
http://wiki.ros.org/dynamixel_motor
```

いつものように、「apt」でインストールできます。

```
$ sudo apt-get install ros-melodic-dynamixel-motor
```

また、近藤科学の「シリアル・サーボ」も日本人の「longjie」さんが「ROS」から動かせるようにしているようです。試してみてはいかがでしょうか。

```
https://github.com/longjie/kondo_driver
```

ただし、こちらはまだ「apt」ではインストールできないので、ソースからインストールする必要があります。

第20章

その他の「基本ライブラリ」

「ROS」には、標準で備わっている「ライブラリ」が多数あります。
本書では残念ながらそのすべてを解説することはできません。
ここでは簡単に紹介しますので、自分が必要なものがあれば、「wiki」
で調べてみてください。

■ ロボット定義フォーマット「URDF」

http://wiki.ros.org/urdf

「ROS」では「ロボット」の「定義」（「見た目」「モータ配置」「センサ
配置」）を、「urdf」という「フォーマット」の「ファイル」で記述します。

自分の「オリジナル・ロボット」を「ROS」でバリバリ使うためには、
自分で「urdf」を作る必要があります。

特に関節をもったロボットの場合は、必須でしょう。「urdf」は「xml」
フォーマットです。

■ 3次元 点群 処理「PointCloud Library」

http://wiki.ros.org/pcl_ros

「PCL」(Point Cloud Library) は 3D の「点群」を利用した「認識プログラム」
を簡単に書けるようになる「ライブラリ」です。

「Kinect」の登場によって、それまで高価なステレオカメラやレーザース
キャナがないとできなかった3次元認識が安価なセンサできるようになり、
一気に注目されました。

「ROS」は「PCL」との接続も簡単にできます。

「PCL」は、もともと「ROS」の一部として作られ、後に「ROS」から切り離した、単独の「ライブラリ」になりました。

現在は「pcl_ros」というパッケージを使うことで、シームレスに「PCL」を使えるようになっています。

あたかも、「pcl」の「標準データクラス」の「pcl::PointCloud」が「ROS」の「Message」であるかのように、「Pub/Sub」で使うことができます。

■ InteractiveMarkers

http://wiki.ros.org/interactive_markers

「rviz」を紹介しましたが、主に「可視化」にフォーカスしました。
「自律移動」の「ゴール」を入力したものの、何にでも使える「入力システム」ではありませんでした。

「InteractiveMarkers」は「rviz」を使って入力するための、「汎用的」なツールです。

おわりに

以上で本書の内容はおしまいです。
これだけマスターすれば、「ROS」の"中級者"くらいは名乗っていいと思います。
内容は難しかったでしょうか。

本書は、「ロボットの専門知識」がない、または、「これからロボットを学ぶ」という人をターゲットとして書きました。

できる限り多くの人に「ロボット・プログラミング」の楽しさを知ってもらいたいと思い、あえて知識も、ハードウェアも必要としない、「PC」さえあれば本当に誰でも楽しめる内容にしました。

ただし、「Linux」や「コマンドライン」に関してはかなり説明を端折ったので、難しく感じた方もいたのではないかと思います。

本書で、少しでもロボットに興味を持たれたなら、ぜひ、実際のハードウェアのある「ロボット・プログラミング」にチャレンジしてみてください。
もっと楽しくなることは間違いありません。

索　引

索引

[著者略歴]

小倉 崇（おぐら・たかし）

東京大学情報理系研究科 博士課程修了。
大学院卒業後社会人になり、あまりに暇だったため趣味で ROS を
勉強し始める。

2009 年から日本初の ROS の Blog を開始。
YouTube などで ROS を使ったり使わなかったりしたロボットを作って
発表していた。

2019 年にスマイルロボティクス㈱創業。
代表取締役社長。

[YouTube] https://youtube.com/ogutti
[Company] https://www.smilerobotics.com
[Twitter] @OTL

本書の内容に関するご質問は、

① 返信用の切手を同封した手紙
② 往復はがき
③ FAX (03) 5269-6031
　（返信先の FAX 番号を明記してください）
④ E-mail editors@kohgakusha.co.jp

のいずれかで、工学社編集部あてにお願いします。
なお、電話によるお問い合わせはご遠慮ください。

■発行履歴

2015年6月25日　オリジナル版発行　　©2015

■**I/O BOOKS**

ROSではじめるロボットプログラミング [改訂版]

2021 年 10 月 30 日　第1版第1刷発行　ⓒ 2021　著　者　小倉 崇
2022 年 7 月 15 日　第1版第2刷発行　　　　　編　集　I/O 編集部
　　　　　　　　　　　　　　　　　　　　発行人　星　正明
　　　　　　　　　　　　　　　　　　　　発行所　株式会社 **工学社**
　　　　　　　　　　　　　　　　　　　　〒160-0004 東京都新宿区四谷4-28-20 2F
　　　　　　　　　　　　　　　　　　　　電話　　(03) 5269-2041 (代) [営業]
　　　　　　　　　　　　　　　　　　　　　　　　(03) 5269-6041 (代) [編集]

※定価はカバーに表示してあります。　　　　振替口座　00150-6-22510

[印刷]　(株)エーヴィスシステムズ　　　　　　　　　　　　ISBN978-4-7775-2168-5